Jerzy Myszkowski

Nichtlineare Probleme der Plattentheorie

mit 26 Bildern

Springer Fachmedien
Wiesbaden GmbH

Sammlung Vieweg
Band 131
Herausgeber: Prof. Dr. Hermann Ebert

Weitere Neuerscheinungen in dieser Reihe:

Löb/Freisinger, Ionenraketen
Geiger, Elektronen und Festkörper
Volland, Die Ausbreitung langer Wellen
Weiß, Physik und Anwendung galvanomagnetischer Bauelemente
Wutz, Molekularkinetische Deutung der Wirkungsweise von Diffusionspumpen

Friedr. Vieweg + Sohn, GmbH, Burgplatz 1, Braunschweig
Pergamon Press Ltd., Headington Hill Hall, Oxford
Pergamon Press S.A.R.L., 24 rue des Ecoles, Paris 5[e]
Pergamon Press Inc., Maxwell House, Fairview Park, Elmsford, New York 10523

Vieweg books and journals are distributed
in the Western Hemisphere by Pergamon Press Inc.,
Elmsford, New York 10523.

Verlagsredaktion: *Alfred Schubert*

1969

ISBN 978-3-322-98365-7 ISBN 978-3-322-99106-5 (eBook)
DOI 10.1007/978-3-322-99106-5

Library of Congress Catalog Card No. 78–97227
Offsetdruck: Albert Limbach, Braunschweig
Umschlagentwurf: Peter Kohlhase, Braunschweig

Bestell-Nr. 7508

Vorwort

Diese Arbeit entstand als Habilitationsschrift während meiner Tätigkeit als wissenschaftlicher Assistent bei Herrn Professor Dr.-Ing. K.-A. Reckling am Lehrstuhl I für Mechanik der Technischen Universität Berlin.

An dieser Stelle möchte ich allen danken, die mich dabei unterstützt haben. Insbesondere danke ich Herrn Professor Dr.-Ing. K.-A. Reckling recht herzlich für die großzügige Förderung der Arbeit in zahlreichen anregenden Diskussionen und durch seine kritischen Bemerkungen. Auch Herrn Professor Dr.-Ing. E. Metzmeier bin ich für die Übernahme des zweiten Referates und seine Verbesserungsvorschläge sehr verbunden. Bei der Durchführung der numerischen Berechnungen hat Herr Dipl.-Ing. W. Brocks und beim Lesen der Korrekturen Herr Dipl.-Ing. P. Schönherr mir wertvolle Hilfe geleistet. Die druckfertige Vorlage hat Frau I. Lusch in bewährter Sorgfalt geschrieben, die Abbildungen wurden von Frau E. Wirz gezeichnet.

Dem Vieweg-Verlag möchte ich für die gute Zusammenarbeit meinen besten Dank aussprechen.

Berlin, im Mai 1969

Jerzy Myszkowski

Inhaltsverzeichnis

1. Einleitung

Die lineare Plattentheorie beschreibt das Verhalten dünner Platten im elastischen Materialbereich unter Voraussetzung der Gültigkeit des HOOKEschen Gesetzes und bei kleinen Durchbiegungen, bei denen die Mittelfläche nicht verzerrt wird und deshalb die Beziehungen zwischen den Verzerrungen und Verschiebungen linear bleiben. Bis zu der sog. elastischen Grenzlast bleiben die Platten elastisch, d.h. sie kehren nach der Wegnahme der Last in ihre ursprüngliche unbelastete Lage zurück. Die allgemeine Methode zur Berechnung der elastischen Grenzlast für dünne Platten bei kleinen Durchbiegungen wurde vom Verfasser in [18] angegeben.+) Bei fortschreitender Belastung bilden sich in der Platte plastische Zonen aus, das HOOKEsche Gesetz gilt dann nicht mehr im ganzen Plattenbereich, die Spannungs-Verzerrungs-Beziehungen werden nichtlinear, es tritt die sog. physikalische Nichtlinearität auf. Bei endlichen Durchbiegungen, die die Größenordnung der Plattenstärke haben, muß die geometrische Nichtlinearität durch die Hinzunahme der nichtlinearen Mittelflächenverzerrungen und Ansetzen der Gleichgewichtsbedingungen am verformten Element berücksichtigt werden, um die genauere Berechnung der Platten zu ermöglichen.

Es existieren zahlreiche Lösungen der geometrisch nichtlinearen Probleme. Die Entwicklung der nichtlinearen Plattentheorie begann am Anfang des 20. Jahrhunderts. Entscheidende Impulse dazu lieferte das Interesse konstruktiv tätiger Ingenieure vor allem beim Schiffbau und Flugzeugbau. Die wesentlichen ersten Beiträge stammen von KIRCHHOFF, v. KÁRMÁN, BUBNOV, PAPKOVITSCH. Große Hilfe bei der Lösung der nichtlinearen Plattenprobleme leistete die Variationsrechnung mit den Näherungsmethoden von RITZ, GALERKIN und KANTOROVITSCH. Dagegen sind bis jetzt nur wenige Plattenprobleme im plastischen Materialbereich gelöst, meistens nur für Spezialfälle runder rotationssymmetrisch belasteter Platten.

Da die exakten Lösungen der plastischen Plattenprobleme wegen der doppelten Nichtlinearität auf sehr große Schwierigkeiten stießen, begnügte man sich in der sog. Grenztragfähigkeitstheorie zunächst mit Lösungen, die die Traglast und die dazugehörigen angenäherten

---

+) Das Verzeichnis der im Text zitierten Literaturstellen befindet sich am Ende der Arbeit.

Schnittlasten angaben, ohne jedoch die Größe der Deformationen sowohl im elastischen als auch im plastischen Materialbereich angeben zu können. Die von JAEGER [29] durchgeführten experimentellen Untersuchungen an Stahlbetonplatten haben eine gute Übereinstimmung mit den Lösungen der Fließgelenktheorie gezeigt.

Die Versuche von COOPER/SHIFRIN [1], HAYTHORNTHWAITE [5] und vom Verfasser [19] haben jedoch ergeben, daß die Traglasttheorie auf die aus zähen Werkstoffen hergestellten Platten, d.h. insbesondere auf Stahlplatten, nur bedingt anwendbar ist, da man für sie experimentell keine ausgeprägte Traglast finden kann. Die Versuche haben außerdem gezeigt, daß diese Platten weit über die elastische Grenze hinaus belastet werden können. Das Verhältnis der Traglast zu der elastischen Grenzlast ist von den Plattenabmessungen abhängig und beträgt je nach der Art der Belastung und Einspannung bei Platten aus zähen Werkstoffen etwa 10 bis 20, während es bei Platten aus sprödem Werkstoff (z.B. Beton) nur die Größenordnung 2 hat. Es erscheint daher nicht nur vom theoretischen, sondern auch vom praktischen Standpunkt aus nützlich, das Plattenverhalten im plastischen Werkstoffbereich genauer zu untersuchen.

In der vorliegenden Arbeit wird zunächst ein Überblick über das gesamte Gebiet der geometrischen und physikalischen Nichtlinearität in der Plattenbiegung gegeben. Weiter werden die Lösungen der Plattenprobleme im elastischen Materialbereich auf die plastische Biegung ausgedehnt und Lösungen für den Bereich zwischen der elastischen Grenzlast und der Traglast für fest eingespannte und freigelagerte gleichmäßig belastete Kreisplatten erörtert. Im elastischen Bereich wird eine numerische Methode zur Berechnung beliebig eingespannter und beliebig, aber rotationssymmetrisch belasteter Kreisplatten entwickelt. Die dort gewonnenen numerischen Ergebnisse werden mit den speziellen in der Literatur angegebenen Lösungen verglichen und experimentell nachgeprüft. Anhand der experimentellen Ergebnisse werden die Grenzen der Anwendbarkeit der Traglasttheorie auf die aus zähen Werkstoffen hergestellten Platten diskutiert. Anschließend wird der Einfluß der elastischen Einspannung und der Lastverteilung auf die Plattenbiegung für endliche Durchbiegungen im elastischen Materialbereich untersucht.

2. Allgemeine Grundlagen der nichtlinearen Plattentheorie

2.1 Voraussetzungen

Der allgemeinen Biegetheorie von Platten mit endlichen Durchbiegungen, die bis in den plastischen Werkstoffbereich hinein beansprucht werden, werden folgende Annahmen zugrunde gelegt:

1) Die Platte soll so dünn sein, daß ihre Stärke klein im Vergleich mit den übrigen Plattenabmessungen ist.

2) Die Durchbiegung der Platte, repräsentiert durch die Durchbiegung ihrer Mittelebene, soll endlich sein, d.h. die Größenordnung der Plattenstärke haben. Die Anteile der Plattenmittelflächenverzerrungen sind dann nichtlinear (geometrische Nichtlinearität). Die Verzerrungen bleiben jedoch trotz endlicher Durchbiegungen klein.

3) Das Verhalten des Plattenwerkstoffes soll nichtlinear und zwar idealplastisch oder verfestigend sein (physikalische Nichtlinearität). Es wird im elastischen Materialbereich durch das HOOKEsche Gesetz und im plastischen Bereich durch das HENCKYsche Gesetz beschrieben. Der Werkstoff sei homogen.

4) Die Plattenbelastung soll proportional sein, d.h. die äußeren Kräfte sollen proportional einem Parameter von Null anwachsen.

5) Während des Belastungsvorganges sollen in der Platte <u>keine</u> Entlastungsbereiche entstehen.

2.2 Geometrie der Plattenverzerrungen

Der allgemeine Verzerrungszustand in einem Punkt eines Kontinuums wird im kartesischen Koordinatensystem durch den symmetrischen Verzerrungstensor

$$\varepsilon_{ij} = \begin{pmatrix} \varepsilon_{11} & \varepsilon_{12} & \varepsilon_{13} \\ \varepsilon_{12} & \varepsilon_{22} & \varepsilon_{23} \\ \varepsilon_{13} & \varepsilon_{23} & \varepsilon_{33} \end{pmatrix} \triangleq \begin{pmatrix} \varepsilon_x & \varepsilon_{xy} & \varepsilon_{xz} \\ \varepsilon_{xy} & \varepsilon_y & \varepsilon_{yz} \\ \varepsilon_{xz} & \varepsilon_{yz} & \varepsilon_z \end{pmatrix} = \begin{pmatrix} \varepsilon_x & \gamma_{xy}/2 & \gamma_{xz}/2 \\ \gamma_{xy}/2 & \varepsilon_y & \gamma_{yz}/2 \\ \gamma_{xz}/2 & \gamma_{yz}/2 & \varepsilon_z \end{pmatrix} \tag{2.1}$$

beschrieben - vgl. dazu RECKLING [28]. Die Tensoren wollen wir im folgenden - der kurzen Schreibweise wegen - in der analytischen Schreibweise nach DUSCHEK/HOCHRAINER [2] darstellen. Die

Indizes i, j durchlaufen demnach die Zahlen 1, 2, 3, die den Koordinatenrichtungen x, y, z entsprechen. Es ist also z.B. $\varepsilon_{11} = \varepsilon_x$, $\varepsilon_{22} = \varepsilon_y$, $\varepsilon_{12} = \varepsilon_{xy}$ usw. Die Größen ε_x, ε_y, ε_z sind die Dehnungen, und die Größen ε_{xy}, ε_{yz}, ε_{xz} die Winkelverzerrungen. Dabei gelten die Beziehungen

$$\varepsilon_{xy} = \gamma_{xy}/2 \,, \quad \varepsilon_{yz} = \gamma_{yz}/2 \,, \quad \varepsilon_{xz} = \gamma_{xz}/2 \,,$$

wobei γ_{xy}, γ_{yz}, γ_{xz} die Winkeländerungen der ursprünglich orthogonalen Linienelemente im Fall kleiner Verzerrungen angeben.

Wir gehen von diesen allgemeinen Beziehungen aus und untersuchen den Verzerrungszustand einer Platte. Ihre Mittelebene soll nach Abb. 1 im unverzerrten, unbelasteten Zustand in der xy-Ebene liegen. Der Abstand der Plattenpunkte von der Mittelfläche ist z und die Durchbiegung der Mittelfläche w. Wir machen nach KIRCHHOFF die Voraussetzung, daß die Plattenpunkte, die ursprünglich auf einer zur Mittelebene senkrechten Geraden AB lagen, auch nach der Deformation auf einer Geraden A'B' liegen, die jetzt normal auf der verformten Mittelfläche steht. Diese Annahme steht im Einklang mit der ersten Voraussetzung von 2.1 und entspricht in der Balkentheorie der Hypothese von Jacob BERNOULLI, die das Ebenbleiben der Balkenquerschnitte während der Deformation postuliert. Damit vernachlässigen wir die Schubverzerrungen $\gamma_{xz} = 2\varepsilon_{xz}$ und $\gamma_{yz} = 2\varepsilon_{yz}$, nicht dagegen die zugehörigen Schubspannungen, die wir in 2.3 gesondert betrachten werden. Von den sechs Verzerrungskomponenten bleiben also im Fall der Plattenbiegung im wesentlichen drei: ε_x, ε_y, $\gamma_{xy} = 2\varepsilon_{xy}$. Die Verzerrung ε_z ist zwar verschieden von Null, wird uns aber im folgenden nicht interessieren.

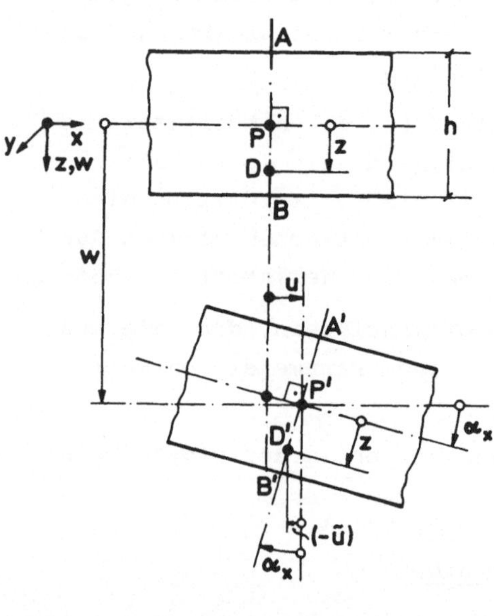

Abb. 1

Die zweite Voraussetzung von 2.1 bedeutet, daß die Plattenmittelfläche sich im allgemeinen verzerrt und ihre Punkte eine Verschiebung u in der x-Richtung und v in der y-Richtung erfahren.

Die gesamten Verzerrungen setzen sich aus zwei Anteilen zusammen: Aus den Verzerrungen der Mittelfläche $e_x, e_y, g_{xy} = 2e_{xy}$ und aus den Biegeverzerrungen $\tilde{e}_x, \tilde{e}_y, \tilde{g}_{xy} = 2\tilde{e}_{xy}$. Es ist demnach

$$\varepsilon_x = e_x + \tilde{e}_x \,, \quad \varepsilon_y = e_y + \tilde{e}_y \,, \quad \gamma_{xy} = g_{xy} + \tilde{g}_{xy} \quad .$$

Durch Betrachtung der Geometrie eines verformten Plattenelementes erhalten wir für die Verzerrungen der Mittelfläche folgende Beziehungen

$$\begin{aligned} e_x &= \frac{\partial u}{\partial x} + \frac{1}{2}\left(\frac{\partial w}{\partial x}\right)^2 \\ e_y &= \frac{\partial v}{\partial y} + \frac{1}{2}\left(\frac{\partial w}{\partial y}\right)^2 \\ g_{xy} = 2e_{xy} &= \frac{\partial u}{\partial y} + \frac{\partial v}{\partial x} + \frac{\partial w}{\partial x}\frac{\partial w}{\partial y} \end{aligned} \qquad (2.2)$$

(vgl. z.B. TIMOSHENKO [33] S. 384). Die Dehnungen und Winkelverzerrungen der Mittelfläche sind also nichtlinear, bleiben aber trotz endlicher Durchbiegungen klein. Der nichtlineare Anteil stammt von der Durchbiegung w her und muß berücksichtigt werden, wenn sie die Größenordnung der Plattenstärke h hat.

Durch Kombination der zweiten Ableitungen von (2.2) erhalten wir die Kompatibilitätsbedingung für die Plattenmittelebene

$$\frac{\partial^2 e_x}{\partial y^2} + \frac{\partial^2 e_y}{\partial x^2} - 2\frac{\partial^2 e_{xy}}{\partial x \partial y} = \left(\frac{\partial^2 w}{\partial x \partial y}\right)^2 - \frac{\partial^2 w}{\partial x^2}\frac{\partial^2 w}{\partial y^2} \quad . \qquad (2.3)$$

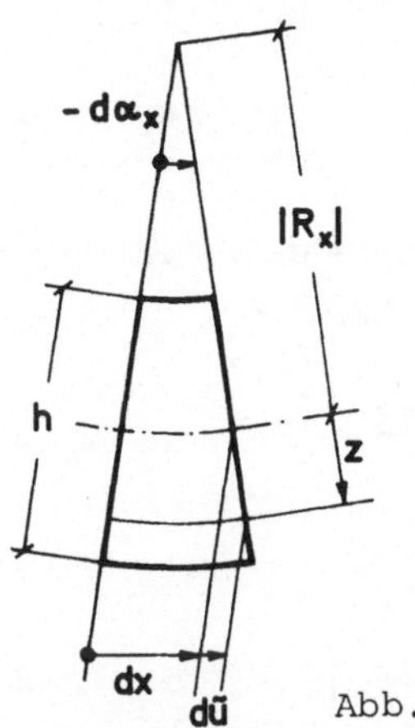

Abb. 2

Die Verschiebungsanteile infolge Biegung - durch "∿" gekennzeichnet - erhalten wir nach Abb. 2 mit den Biegewinkeln α_x und α_y aus den Relationen

$$d\tilde{u}/z = -\, d\alpha_x$$

und $$d\tilde{v}/z = -\, d\alpha_y \quad ,$$

woraus mit

$$\begin{aligned} \alpha_x &= \partial w/\partial x \\ \alpha_y &= \partial w/\partial y \end{aligned} \qquad (2.4a)$$

und mit den Krümmungen

$$\begin{aligned} \kappa_x &= \partial\alpha_x/\partial x = \partial^2 w/\partial x^2 \\ \kappa_y &= \partial\alpha_y/\partial y = \partial^2 w/\partial y^2 \\ \kappa_{xy} &= \partial\alpha_x/\partial y = \partial\alpha_y/\partial x = \partial^2 w/\partial x\partial y \end{aligned} \tag{2.4b}$$

die Verzerrungsanteile infolge Biegung

$$\begin{aligned} \tilde{e}_x &= \frac{\partial\tilde{u}}{\partial x} = - z\,\frac{\partial^2 w}{\partial x^2} = - z\kappa_x \\ \tilde{e}_y &= \frac{\partial\tilde{v}}{\partial y} = - z\,\frac{\partial^2 w}{\partial y^2} = - z\kappa_y \\ \tilde{g}_{xy} &= \frac{\partial\tilde{u}}{\partial y} + \frac{\partial\tilde{v}}{\partial x} = - 2z\,\frac{\partial^2 w}{\partial x\partial y} = - 2z\kappa_{xy} \end{aligned} \tag{2.5}$$

folgen. Die Schubverzerrungen $\tilde{g}_{yz}$ und $\tilde{g}_{xz}$ sind gemäß der KIRCHHOFFschen Hypothese gleich Null. Die gesamten Verzerrungen sind dann

$$\begin{aligned} \varepsilon_x &= e_x + \tilde{e}_x = e_x - z\kappa_x \\ \varepsilon_y &= e_y + \tilde{e}_y = e_y - z\kappa_y \\ \gamma_{xy} &= g_{xy} + \tilde{g}_{xy} = 2e_{xy} - 2z\kappa_{xy} \quad . \end{aligned} \tag{2.6}$$

Wir betrachten jetzt den Spezialfall einer Kreisplatte, die rotationssymmetrisch deformiert wird. Alle geometrischen Größen sind dann Funktionen nur einer Variablen, d.h. des Radius r.

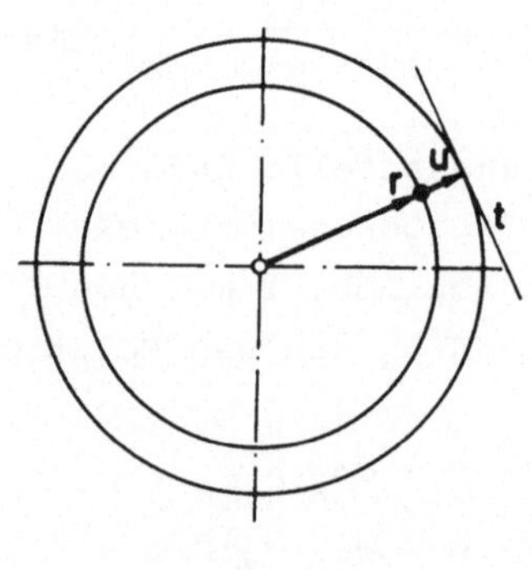

Abb. 3

In Analogie zu (2.2) erhalten wir mit $\alpha = dw/dr$ für die Hauptdehnung der Mittelebene in der r-Richtung

$$e_r = \frac{du}{dr} + \frac{1}{2}\left(\frac{dw}{dr}\right)^2 = \frac{du}{dr} + \frac{\alpha^2}{2} \tag{2.7}$$

und für die Hauptdehnung in der t-Richtung nach Abb. 3

$$e_t = \frac{2\pi(r+u) - 2\pi r}{2\pi r} = \frac{u}{r} \quad . \tag{2.8}$$

Mit den Hauptkrümmungen für kleine Winkel α

$$\kappa_r = \frac{1}{R_r} = \frac{d\alpha}{dr} = \frac{d^2 w}{dr^2} \; ; \quad \kappa_t = \frac{1}{R_t} = \frac{\alpha}{r} = \frac{1}{r}\frac{dw}{dr} \tag{2.9}$$

nach Abb. 4 folgt dann analog zu (2.5) für die Biegeverzerrungen

$$\begin{aligned} \tilde{e}_r &= - z\kappa_r = - z \frac{d\alpha}{dr} = - z \frac{d^2w}{dr^2} \\ \tilde{e}_t &= - z\kappa_t = - z \frac{\alpha}{r} = - \frac{z}{r} \frac{dw}{dr} \quad . \end{aligned} \tag{2.10}$$

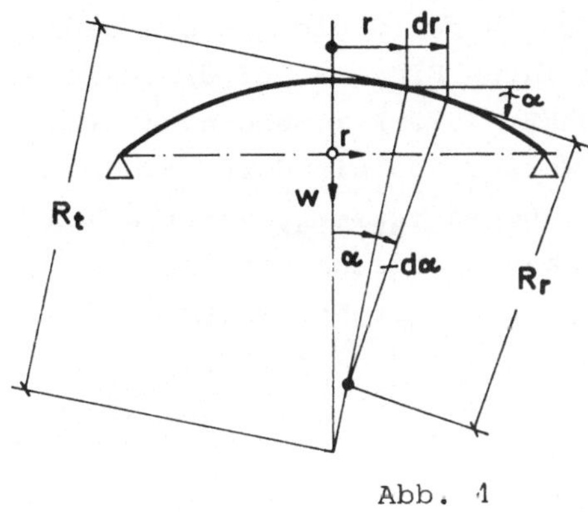

Abb. 4

Die gesamten Verzerrungen sind analog zu (2.6)

$$\begin{aligned} \varepsilon_r &= e_r + \tilde{e}_r \\ \varepsilon_t &= e_t + \tilde{e}_t \quad , \end{aligned} \tag{2.10a}$$

und die Schubverzerrungen γ_{rt} verschwinden wegen der Rotationssymmetrie.

2.3 Spannungen

Der allgemeine Spannungszustand eines Kontinuums läßt sich durch den symmetrischen Spannungstensor

$$\sigma_{ij} = \begin{pmatrix} \sigma_{11} & \sigma_{12} & \sigma_{13} \\ \sigma_{12} & \sigma_{22} & \sigma_{23} \\ \sigma_{13} & \sigma_{23} & \sigma_{33} \end{pmatrix} \hat{=} \begin{pmatrix} \sigma_x & \tau_{xy} & \tau_{xz} \\ \tau_{xy} & \sigma_y & \tau_{yz} \\ \tau_{xz} & \tau_{yz} & \sigma_z \end{pmatrix} \tag{2.11}$$

darstellen. Wir untersuchen den Spannungszustand im Fall der Plattenbiegung. Die Abb. 5 zeigt die an einem Plattenelement wirkenden Spannungen. Ihre exakte Berechnung für den elastischen Bereich ergab, daß die Spannungen τ_{xz}, τ_{yz} zwar klein im Vergleich mit den in der (x,y)-Ebene wirkenden Spannungen σ_x, σ_y, τ_{xy} sind, jedoch nicht vernachlässigbar (vgl. dazu TIMOSHENKO [33] S. 98 ff.). Die Normalspannung σ_z

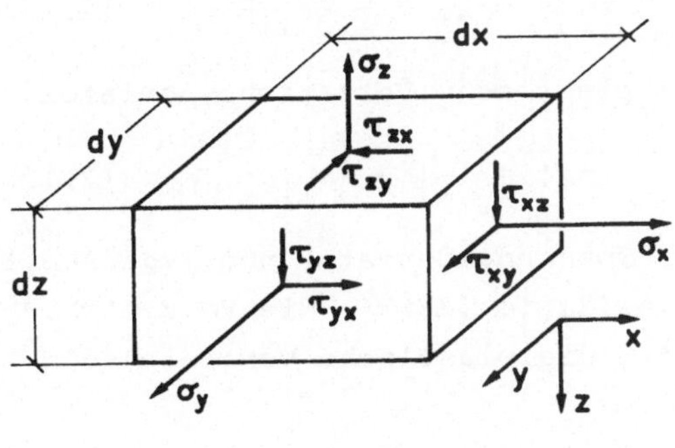

Abb. 5

ist ihrerseits klein im Vergleich mit τ_{xz}, τ_{yz}, so daß wir σ_z vernachlässigen können. Im plastischen Materialbereich werden ähnliche Spannungsverhältnisse herrschen, was uns berechtigt, die Ergebnisse der elastischen Spannungsberechnungen als qualitative Abschätzung für die Größenordnung der Spannungen im plastischen Bereich anzusehen. Wir werden die Schubspannungen τ_{xz}, τ_{yz} und damit die Querkräfte Q_x, Q_y in den Gleichgewichtsbedingungen (2.20) berücksichtigen, um ihren Einfluß auf die Plattenbiegung zu untersuchen. In der HUBER-MISES-Fließbedingung (2.27) können sie jedoch vernachlässigt werden, da sie dort in der zweiten Potenz auftreten. Die Spannungen τ_{xz}, τ_{yz} verursachen die Verwölbung der ursprünglich ebenen Querschnitte, was im Widerspruch zu der KIRCHHOFFschen Hypothese steht. Wegen der geringen Plattenstärke ist die Verwölbung jedoch klein, was uns zur Anwendung dieser Hypothese im Abschnitt 2.2 bei den geometrischen Betrachtungen berechtigt.

2.4 Materialgesetz

Die Verknüpfung der Verzerrungen mit den zugehörigen Spannungen erfolgt mittels eines Materialgesetzes. Wir setzen nach der dritten Annahme in 2.1 die Gültigkeit des HENCKYschen Verzerrungs-Spannungs-Gesetzes im plastischen Bereich

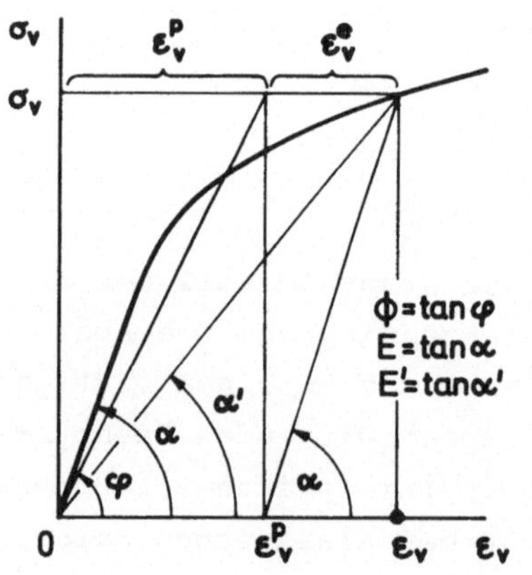

Abb. 6

$$\varepsilon_{ij}^{\prime p} = \varepsilon_{ij}^{p} = \frac{3\varepsilon_v^p}{2\sigma_v}\sigma_{ij}^{\prime} = \frac{3}{2\phi}\sigma_{ij}^{\prime}\,{}^{+)} \tag{2.12}$$

voraus. Hier ist

$$\varepsilon_{ij}^{\prime p} = \varepsilon_{ij}^{p} - \frac{1}{3}\varepsilon_{ii}^{p} \tag{2.12a}$$

der plastische Verzerrungsdeviator,

$$\sigma_{ij}^{\prime} = \sigma_{ij} - \frac{1}{3}\sigma_{ii} \tag{2.12b}$$

der Spannungsdeviator und (vgl. Abb. 6) $\sigma_v = (3\sigma_{ij}^{\prime}\sigma_{ij}^{\prime}/2)^{1/2}$ die Vergleichsspannung, $\varepsilon_v^p = (2\varepsilon_{ij}^p\varepsilon_{ij}^p/3)^{1/2}$ die plastische Vergleichsdeh-

---

+) Bezüglich der Schreibweise vgl. Abschnitt 2.2. Zusätzlich wird hier die EINSTEINsche Summenkonvention verwendet, nach der über die doppelt auftretenden Indizes von eins bis drei zu summieren ist.

nung und $\phi = \sigma_v/\varepsilon_v{}^p$ der plastische Modul. Nach der üblichen, durch Versuche bestätigten Annahme, daß der Werkstoff im plastischen Materialbereich inkompressibel ist, verschwindet die Volumendilation. Wegen $\varepsilon_{ii}{}^p = 0$ ist dann der Verzerrungsdeviator $\varepsilon_{ij}'{}^p$ gleich dem Verzerrungstensor $\varepsilon_{ij}{}^p$.

Das HENCKYsche Gesetz ist ein Spezialfall des allgemein gültigen differentiellen PRANDTL-REUSZschen Verzerrungs-Spannungs-Gesetzes

$$d\varepsilon_{ij}'{}^p = d\varepsilon_{ij}{}^p = \frac{3}{2}\,\frac{d\varepsilon_v{}^p}{\sigma_v}\sigma_{ij}' \quad , \tag{2.13}$$

nach dem die Änderung des Verzerrungsdeviators $d\varepsilon_{ij}'{}^p$ (und nicht der Deviator selbst) dem Spannungsdeviator σ_{ij}' proportional ist. Nur für die proportionale Spannungssteigerung, d.h. für $\sigma_{ij}' = m\sigma_{ij}^{(0)\prime}$, wobei $\sigma_{ij}^{(0)\prime}$ ein beliebiger Anfangsspannungsdeviator und m ein von σ_{ij}' unabhängiger Parameter ist, läßt sich (2.13) einfach integrieren und liefert (2.12). Das finite HENCKYsche Gesetz gilt also exakt nur im Fall konstanter Hauptspannungsverhältnisse. Ausführliche Betrachtungen darüber findet der Leser bei RECKLING [28]. Das finite HENCKYsche Gesetz ist im Vergleich mit dem PRANDTL-REUSZschen Gesetz wesentlich einfacher zu handhaben, da sich hier eine Integration zur Ermittlung von Dehnungen erübrigt. Seine Anwendung bei den Problemen der plastischen Plattenbiegung (vgl. Abschnitt 4.1) liefert Ergebnisse, die mit den Experimenten sehr gut übereinstimmen.

Speziell für $\sigma_{33} = \sigma_z = 0$ folgen aus (2.12) mit (2.12b) nach Umbenennung der Indizes gemäß (2.1) und (2.11)die plastischen Verzerrungsanteile

$$\begin{aligned} \varepsilon_x{}^p &= \frac{3}{2\phi}\left[\sigma_x - \frac{1}{3}(\sigma_x+\sigma_y)\right] = \frac{1}{\phi}(\sigma_x - \frac{1}{2}\sigma_y) \\ \varepsilon_y{}^p &= \frac{1}{\phi}(\sigma_y - \frac{1}{2}\sigma_x) \\ \varepsilon_{xy}{}^p &= \frac{1}{2}\gamma_{xy}{}^p = \frac{3}{2\phi}\tau_{xy} \quad . \end{aligned} \tag{2.14}$$

Mit den elastischen Anteilen aus dem HOOKEschen Gesetz

$$\begin{aligned} \varepsilon_x{}^e &= \frac{1}{E}(\sigma_x - \nu\sigma_y) \\ \varepsilon_y{}^e &= \frac{1}{E}(\sigma_y - \nu\sigma_x) \\ \gamma_{xy}^e &= \frac{1}{G}\tau_{xy} = \frac{2(1+\nu)}{E}\tau_{xy} \end{aligned} \tag{2.15}$$

(G - Schubmodul, E - Elastizitätsmodul, ν - Querkontraktionszahl) erhalten wir dann die gesamten Verzerrungen

$$\begin{aligned} \varepsilon_x &= \frac{1}{E}(\sigma_x - \nu\sigma_y) + \frac{1}{\phi}(\sigma_x - \frac{1}{2}\sigma_y) \\ \varepsilon_y &= \frac{1}{E}(\sigma_y - \nu\sigma_x) + \frac{1}{\phi}(\sigma_y - \frac{1}{2}\sigma_x) \\ \gamma_{xy} &= \left[\frac{2(1+\nu)}{E} + \frac{3}{\phi}\right]\tau_{xy} \quad . \end{aligned} \tag{2.16}$$

Für einen im elastischen und im plastischen Bereich inkompressiblen Werkstoff ($\nu = \frac{1}{2}$) vereinfachen sich diese Beziehungen zu

$$\begin{aligned} \sigma_x - \frac{1}{2}\sigma_y &= E'\varepsilon_x \\ \sigma_y - \frac{1}{2}\sigma_x &= E'\varepsilon_y \\ \tau_{xy} &= \frac{1}{3}E'\gamma_{xy} \end{aligned} \tag{2.17}$$

mit dem elastoplastischen Modul E'

$$E' = \left(\frac{1}{E} + \frac{1}{\phi}\right)^{-1} \quad ,$$

für den unter Berücksichtigung von $E' = \sigma_V/\varepsilon_V$ nach Abb. 6

$$E' = \frac{\sigma_V}{\varepsilon_V} = E(1-\omega) \quad \text{mit} \quad \omega = E'/\phi \tag{2.18}$$

folgt. Der Parameter ω charakterisiert die Größe der plastischen Deformationen. Die Annahme der Inkompressibilität im elastischen Materialbereich ist physikalisch unberechtigt und wird nur zur Vereinfachung der Rechnung eingeführt. Wir werden sie später in 3.1 verwenden.

2.5 Schnittlasten

Die an einem Plattenelement wirkenden Spannungen nach Abb. 5 fassen wir durch Integration über die Plattenstärke zu resultierenden Membrankräften N_x, N_y, N_{xy}, Querkräften Q_x, Q_y und Momenten M_x, M_y, M_{xy} (alle pro Längeneinheit) nach Abb. 7 zusammen

$$\begin{aligned} N_x &= \int_{-h/2}^{+h/2} \sigma_x dz \ , \quad N_y = \int_{-h/2}^{+h/2} \sigma_y dz \ , \quad N_{xy} = \int_{-h/2}^{+h/2} \tau_{xy} dz = N_{yx} \\ Q_x &= \int_{-h/2}^{+h/2} \tau_{xz} dz \ , \quad Q_y = \int_{-h/2}^{+h/2} \tau_{yz} dz \\ M_x &= \int_{-h/2}^{+h/2} \sigma_x z dz \ , \quad M_y = \int_{-h/2}^{+h/2} \sigma_y z dz \ , \quad M_{xy} = \int_{-h/2}^{+h/2} \tau_{xy} z dz = M_{yx} \quad . \end{aligned} \tag{2.19}$$

Diese Schnittlasten müssen im Gleichgewicht sein.

2.6 Allgemeine Gleichgewichtsbedingungen für Platten

Für eine senkrecht zu ihrer Mittelebene belastete Platte erhalten wir durch Betrachtungen am verformten Element unter Voraussetzung kleiner Biegewinkel $(\partial w/\partial x)$ und $(\partial w/\partial y)$ sowie kleiner Krümmungen $(\partial^2 w/\partial x^2)$ und $(\partial^2 w/\partial y^2)$ nach Abb. 7 folgende

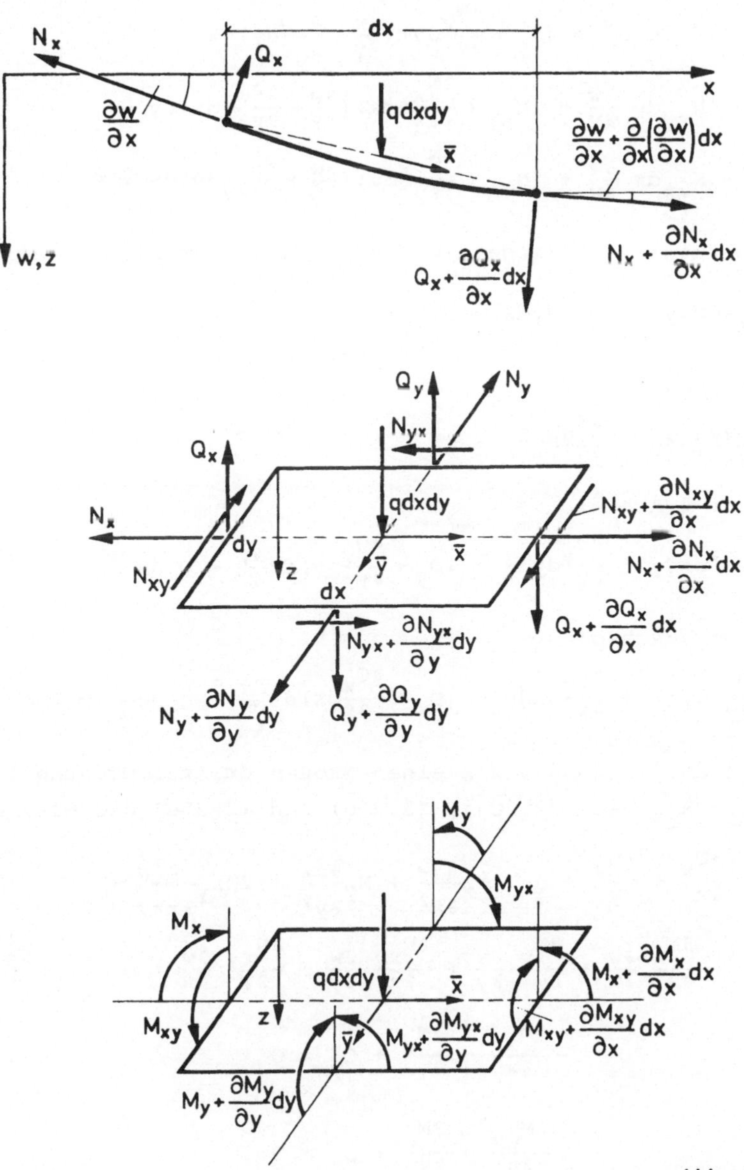

Abb. 7

Gleichgewichtsbedingungen:

In z-Richtung:

$$\left.\begin{aligned}&\frac{\partial Q_x}{\partial x}dxdy + \frac{\partial Q_y}{\partial y}dxdy + qdxdy - \\ &- N_x dy \frac{\partial w}{\partial x} + (N_x + \frac{\partial N_x}{\partial x}dx)(\frac{\partial w}{\partial x} + \frac{\partial^2 w}{\partial x^2}dx)dy - \\ &- N_y dx \frac{\partial w}{\partial y} + (N_y + \frac{\partial N_y}{\partial y}dy)(\frac{\partial w}{\partial y} + \frac{\partial^2 w}{\partial y^2}dy)dx - \\ &- N_{xy} dy \frac{\partial w}{\partial y} + (N_{xy} + \frac{\partial N_{xy}}{\partial x}dx)(\frac{\partial w}{\partial y} + \frac{\partial^2 w}{\partial y \partial x}dx)dy - \\ &- N_{yx} dx \frac{\partial w}{\partial x} + (N_{yx} + \frac{\partial N_{yx}}{\partial y}dy)(\frac{\partial w}{\partial x} + \frac{\partial^2 w}{\partial x \partial y}dy)dx = 0\end{aligned}\right\} \quad (2.20a)$$

In $\bar{x}$-Richtung: ($\bar{x}$, $\bar{y}$ liegen im Grenzfall in der Elementenmittelebene)

$$\frac{\partial N_x}{\partial x}dxdy + \frac{\partial N_{yx}}{\partial y}dydx = 0 \quad (2.20b)$$

In $\bar{y}$-Richtung:

$$\frac{\partial N_{xy}}{\partial x}dxdy + \frac{\partial N_y}{\partial y}dydx = 0 \quad (2.20c)$$

Momente um $\bar{x}$-Achse:

$$-\frac{\partial M_{xy}}{\partial x}dxdy - \frac{\partial M_y}{\partial y}dydx + (Q_y + \frac{\partial Q_y}{\partial y}dy)dx\frac{dy}{2} + Q_y dx\frac{dy}{2} = 0 \quad (2.20d)$$

Momente um $\bar{y}$-Achse:

$$\frac{\partial M_{yx}}{\partial y}dydx + \frac{\partial M_x}{\partial x}dxdy - (Q_x + \frac{\partial Q_x}{\partial x}dx)dy\frac{dx}{2} - Q_x dy\frac{dx}{2} = 0 \,. \quad (2.20e)$$

Nach Vernachlässigung von kleinen Größen dritter Ordnung folgen mit $N_{xy} = N_{yx}$ aus (2.20a), (2.20d) und (2.20e) die Gleichungen

$$\begin{aligned}&\frac{\partial Q_x}{\partial x} + \frac{\partial Q_y}{\partial y} + q + N_x\frac{\partial^2 w}{\partial x^2} + N_y\frac{\partial^2 w}{\partial y^2} + 2N_{xy}\frac{\partial^2 w}{\partial x \partial y} + \\ &+ \frac{\partial N_x}{\partial x}\frac{\partial w}{\partial x} + \frac{\partial N_y}{\partial y}\frac{\partial w}{\partial y} + \frac{\partial N_{xy}}{\partial x}\frac{\partial w}{\partial y} + \frac{\partial N_{xy}}{\partial y}\frac{\partial w}{\partial x} = 0 \quad .\end{aligned} \quad (2.21a)$$

$$-\frac{\partial M_{xy}}{\partial x} - \frac{\partial M_y}{\partial y} + Q_y = 0 \quad (2.21b)$$

$$\frac{\partial M_{yx}}{\partial y} + \frac{\partial M_x}{\partial x} - Q_x = 0 \quad (2.21c)$$

Wir setzen Q_x aus (2.21c) und Q_y aus (2.21b) in (2.21a) ein und erhalten unter Berücksichtigung von (2.20b-c) mit $M_{xy} = M_{yx}$ die allgemeine Gleichgewichtsbedingung für eine Platte mit endlichen Durchbiegungen

$$\frac{\partial^2 M_x}{\partial x^2} + 2\frac{\partial^2 M_{xy}}{\partial x \partial y} + \frac{\partial^2 M_y}{\partial y^2} + N_x\frac{\partial^2 w}{\partial x^2} + N_y\frac{\partial^2 w}{\partial y^2} + 2N_{xy}\frac{\partial^2 w}{\partial x \partial y} + q = 0 \ . \qquad (2.22a)$$

Aus (2.20b) und (2.20c) folgen zwei weitere Gleichgewichtsbedingungen

$$\frac{\partial N_x}{\partial x} + \frac{\partial N_{xy}}{\partial y} = 0 \qquad (2.22b)$$

$$\frac{\partial N_{xy}}{\partial x} + \frac{\partial N_y}{\partial y} = 0 \quad . \qquad (2.22c)$$

2.7 Arbeit der inneren Kräfte

Sie folgt aus dem allgemeinen Ausdruck für die Arbeit der inneren Spannungen +)

$$dA^{(i)} = \iiint (\sigma_x d\varepsilon_x + \sigma_y d\varepsilon_y + \sigma_z d\varepsilon_z + \tau_{xy} d\gamma_{xy} + \tau_{yz} d\gamma_{yz} + \tau_{zx} d\gamma_{zx})\, dxdydz$$

(vgl. dazu z.B. WASHIZU [43]). Mit $\sigma_z = \gamma_{yz} = \gamma_{zx} = 0$ und mit den Verzerrungen nach (2.6) erhalten wir nach Integration über die Plattenstärke h +)

$$dA^{(i)} = \iint dxdy \int_{-h/2}^{+h/2} (\sigma_x de_x + \sigma_y de_y + 2\tau_{xy} de_{xy} - \sigma_x z d\kappa_x - \sigma_y z d\kappa_y - 2\tau_{xy} z d\kappa_{xy})\, dz \ .$$

Die Verzerrungen de_x, de_y, de_{xy} und die Krümmungen $d\kappa_x$, $d\kappa_y$, $d\kappa_{xy}$ sind von z unabhängig und können vor das innere Integral vorgezogen werden. Unter Berücksichtigung der Äquivalenzbedingungen (2.19) ist dann die Arbeit der inneren Kräfte in einer Platte

$$dA^{(i)} = \iint (N_x de_x + N_y de_y + 2N_{xy} de_{xy} - M_x d\kappa_x - M_y d\kappa_y - 2M_{xy} d\kappa_{xy})\, dxdy \ . \qquad (2.23)$$

+) Hier und im folgenden gilt die Vereinbarung:
Das dreifache Integral erstreckt sich stets über das gesamte Volumen der unverformten Platte und das zweifache Integral über die unverformte Plattenmittelebene.

2.8 Randbedingungen

Am Plattenrand werden gewöhnlich entweder bestimmte Verschiebungen (geometrische Randbedingungen) oder Schnittlasten (dynamische Randbedingungen) vorgegeben. Die Randgrößen wollen wir mit dem Index "R" kennzeichnen. Wir beschränken uns auf rechteckige Platten, für die wir die meist auftretenden Einspannungsfälle zusammenstellen wollen. Dabei wird stets $w_R = 0$ angenommen (unnachgiebiger Untergrund). Die übrigen Randbedingungen sind:

A) Am Rande $x = \text{const}$ fest eingespannte Platte (geometrische Randbedingungen)

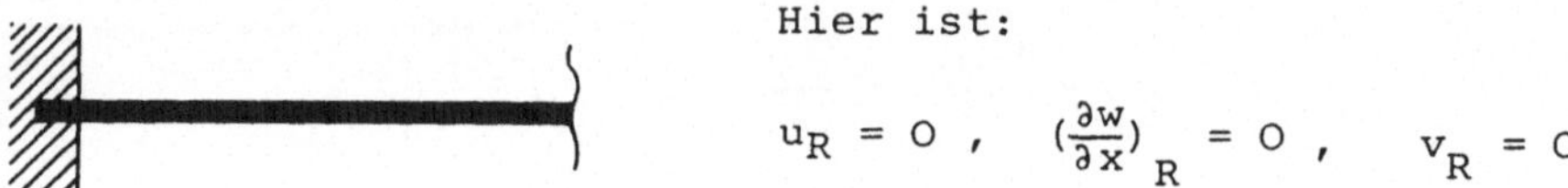

Hier ist:

$$u_R = 0 \,, \quad \left(\frac{\partial w}{\partial x}\right)_R = 0 \,, \quad v_R = 0$$

B) Am Rande $x = \text{const}$ freigelagerte Platte (dynamische Randbedingungen)

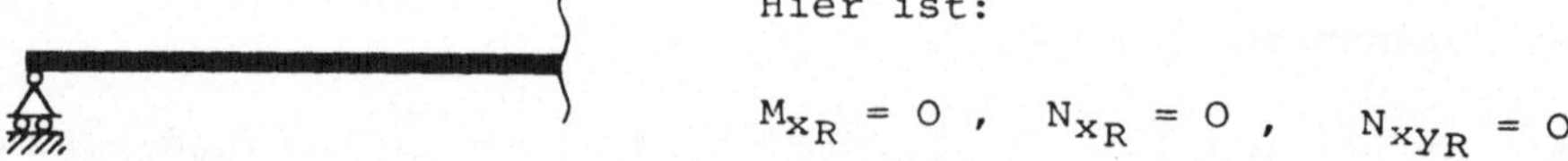

Hier ist:

$$M_{x_R} = 0 \,, \quad N_{x_R} = 0 \,, \quad N_{xy_R} = 0$$

C) Am Rande $x = \text{const}$ gelenkig gelagerte Platte mit unverschieblichem Rand (gemischte Randbedingungen)

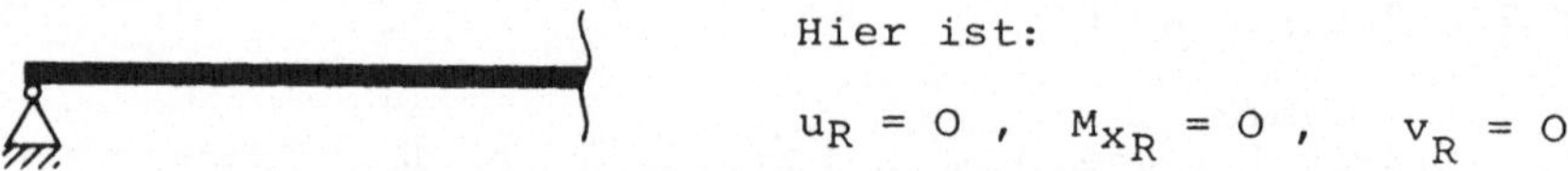

Hier ist:

$$u_R = 0 \,, \quad M_{x_R} = 0 \,, \quad v_R = 0$$

D) Am Rande $x = \text{const}$ eingespannte Platte mit verschieblichem Rand (gemischte Randbedingungen)

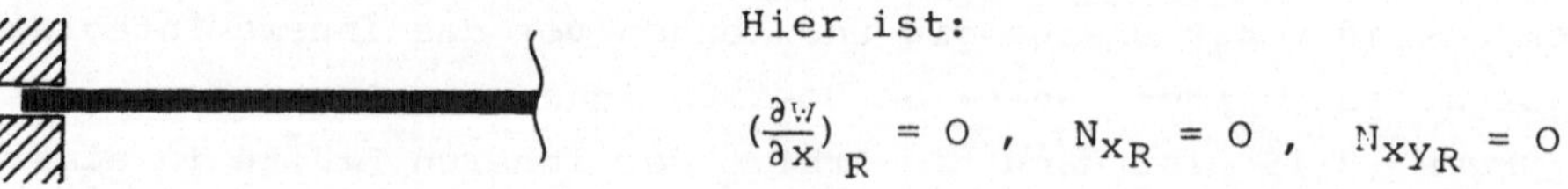

Hier ist:

$$\left(\frac{\partial w}{\partial x}\right)_R = 0 \,, \quad N_{x_R} = 0 \,, \quad N_{xy_R} = 0$$

Am Rande $y = \text{const}$ sind die Randbedingungen analog zu formulieren. Wir erhalten sie durch Vertauschen von u mit v und x mit y. Eine ausführliche Betrachtung über die Randbedingungen und ihre Vollständigkeit findet der Leser u.a. bei GIRKMANN [50], TIMOSHENKO [33] und VOLMIR [39].

2.9 Gleichgewichtsbedingungen für rotationssymmetrische Platten

Alle Schnittlasten, die wir auch hier auf die Längeneinheit beziehen wollen, sind Funktionen nur einer Variablen und zwar des Radius r. Der Plattenaußenradius sei a. Die Schnittlasten N_{rt}

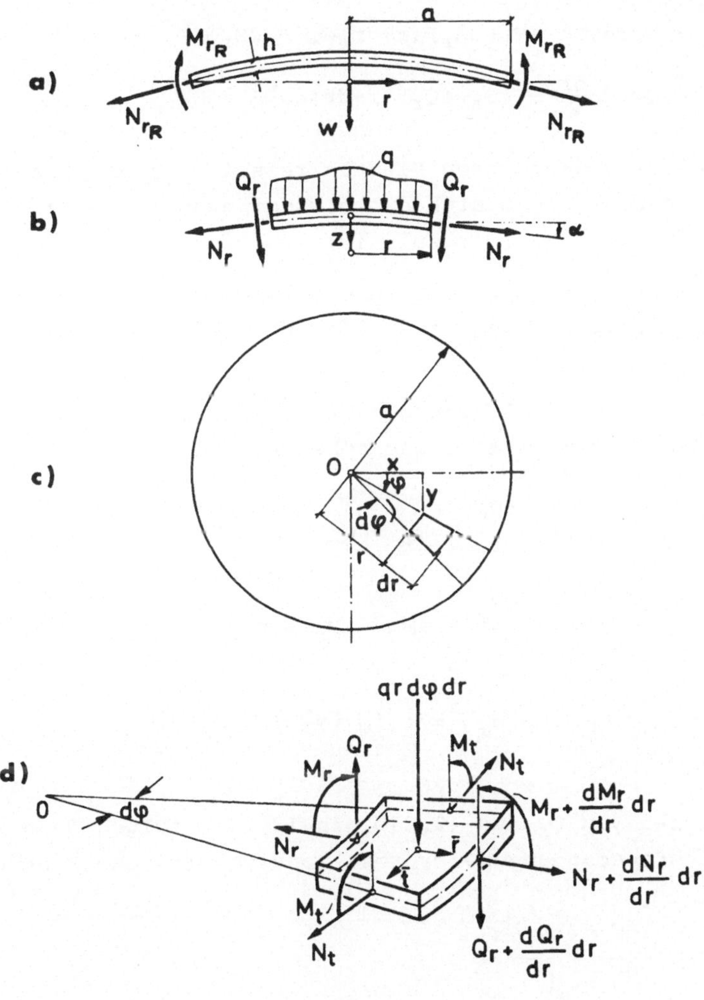

Abb. 8

und M_{rt} verschwinden wegen der Rotationssymmetrie. Wir setzen kleine Biegewinkel α und kleine Krümmungen dα/dr voraus. Mit diesen Voraussetzungen liefert die am differentiell kleinen Element (Abb. 8d) angesetzte Gleichgewichtsbedingung in der

$\bar{r}$-Richtung ($\bar{r}$ liegt in der Mittelebene des Elementes)

$$- N_r r d\varphi - 2N_t dr\frac{d\varphi}{2} + (N_r + dN_r)(r+dr)d\varphi = 0 \quad .$$

Die Momentengleichgewichtsbedingung liefert um $\bar{t}$-Achse ($\bar{t}$ liegt in der Mitte des Elementes)

$$- M_r r d\varphi + (M_r + dM_r)(r+dr)d\varphi - 2M_t dr\frac{d\varphi}{2} -$$

$$- Q_r r d\varphi\frac{dr}{2} - (Q_r + dQ_r)(r+dr)d\varphi\frac{dr}{2} = 0 \quad .$$

Die am endlichen verformten Plattenkreiselement des Radius r (Abb. 8b) angesetzte Gleichgewichtsbedingung in der z-Richtung ergibt (mit $\sin\alpha \approx \alpha$, $\cos\alpha \approx 1$)

$$Q_r 2\pi r + N_r 2\pi r\alpha + 2\pi\int_0^r q(\tilde{r})\tilde{r}d\tilde{r} = 0 \quad .$$

Aus den letzten drei Gleichungen erhalten wir nach Vernachlässigung kleiner Größen dritter und höherer Ordnung

$$N_r + r\frac{dN_r}{dr} - N_t = 0 \qquad (2.24a)$$

$$- Q_r r + \frac{dM_r}{dr}r + M_r - M_t = 0 \qquad (2.24b)$$

$$Q_r = - N_r\alpha - \frac{1}{r}\int_0^r q(\tilde{r})\tilde{r}d\tilde{r} \quad . \qquad (2.24c)$$

Nach Einsetzen von Q_r aus (2.24b) in (2.24c) folgen dann zwei Gleichgewichtsbedingungen für rotationssymmetrische Platten

$$\frac{dN_r}{dr} = \frac{N_t - N_r}{r}$$

$$\frac{dM_r}{dr} = \frac{M_t - M_r}{r} - N_r\alpha - \frac{1}{r}\int_0^r q\tilde{r}d\tilde{r} \quad . \qquad (2.25)$$

2.10 HUBER-MISES-Fließbedingung

Ihre Grundlage bildet eine durch Experimente bestätigte Tatsache: Das Fließen in einem Punkt eines Körpers aus einem idealplastischen Werkstoff tritt auf, wenn die (auf die Masseneinheit bezogene) elastische Gestaltänderungsarbeit $A_i{}^G = \sigma'_{ij}\sigma'_{ij}/4G\rho$ (G Schubmodul, ρ Dichte) einen bestimmten maximalen Wert

$$(A_i{}^G)_F = \frac{\tau_F{}^2}{2G\rho} = \frac{\sigma_F{}^2}{6G\rho}$$

erreicht (τ_F Fließschubspannung, σ_F Fließnormalspannung beim einachsigen Zug, vgl. Abb. 9). Diese Aussage kann mit Hilfe der zweiten Invariante $I'_2 = \sigma'_{ij}\sigma'_{ij}/2$ des Spannungsdeviators zu der HUBER-MISES-Fließbedingung

$$I'_2 = \sigma'_{ij}\sigma'_{ij}/2 = \tau_F{}^2 = \sigma_F{}^2/3 \qquad (2.26)$$

umgeformt werden. Wir können I'_2 mit Hilfe von (2.12b) durch die Spannungen σ_{ij} ausdrücken und erhalten aus (2.26) nach Umbenennung der Indizes gemäß (2.11)

$$I'_2 = \frac{1}{6}\left[(\sigma_x-\sigma_y)^2 + (\sigma_y-\sigma_z)^2 + (\sigma_z-\sigma_x)^2\right] + \tau_{xy}^2 + \tau_{yz}^2 + \tau_{xz}^2 = \frac{\sigma_F{}^2}{3} \quad . \qquad (2.27)$$

Im Fall der Plattenbiegung ist die Spannung σ_z vernachlässigbar und die Spannungen τ_{yz} und τ_{xz} sind klein im Vergleich mit σ_x, σ_y, τ_{xy} (vgl. Abschnitt 2.3), so daß ihre Quadrate τ_{yz}^2 und τ_{xz}^2 in (2.27) ebenfalls vernachlässigt werden können. Die HUBER-MISES-Fließbedingung für Platten lautet demnach

$$\sigma_x{}^2 + \sigma_y{}^2 - \sigma_x\sigma_y + 3\tau_{xy}{}^2 = \sigma_F{}^2 \quad . \qquad (2.28)$$

2.11 Proportionale Belastung

Die Annahme proportionaler Belastung, die in 2.1 definiert ist, ist zulässig. Die Arbeiten verschiedener Autoren, z.B. von ILJUSHIN [7] und NOVOZILOV [21] zeigen nämlich, daß der Einfluß einer nichtproportionalen Belastung auf die Durchbiegung oft zu vernachlässigen ist. Dazu gehören u.a. Fälle, in denen die plastischen Gebiete noch wenig verbreitet sind, in denen die Belastung annähernd proportional ist oder in denen kleine plastische Deformationen auftreten. In diesen Fällen liefern die im folgenden entwickelten Plattengleichungen brauchbare Näherungen.

3. Biegung beliebig berandeter Platten

3.1 Allgemeine Gleichungen elastisch-plastischer dünner Platten bei endlichen Durchbiegungen

Wir betrachten den allgemeinen Fall der Biegung elasto-plastischer Platten, in dem die beiden Nichtlinearitäten, die physikalische und die geometrische, auftreten und leiten nach LEPIK [15] die dazugehörigen Differentialgleichungen her. Es sollen sämtliche Voraussetzungen von Abschnitt 2.1 gelten. Bezüglich des Plattenwerkstoffes machen wir die einschränkende Annahme, daß er nicht nur im plastischen, sondern auch im elastischen Zustand <u>inkompressibel</u> sein soll, daß also das spezielle HENCKYsche Gesetz (2.17) gelten soll. Diese Annahme vereinfacht die Rechnung wesentlich, denn dadurch wird eine einfache Integration der Spannungen über die Plattenstärke zur Ermittlung der Schnittlasten ermöglicht.

Betrachten wir eine dünne Platte beliebiger Umrißform und konstanter Stärke h. Ihre Mittelebene liegt in der xy-Ebene. Die Verzerrungen sind nach (2.6)

$$\varepsilon_x = e_x - z\kappa_x \; ; \quad \varepsilon_y = e_y - z\kappa_y \; ; \quad \gamma_{xy} = 2e_{xy} - 2z\kappa_{xy}$$

mit

$$\begin{aligned} e_x &= \partial u/\partial x + (\partial w/\partial x)^2/2 \\ e_y &= \partial v/\partial y + (\partial w/\partial y)^2/2 \\ 2e_{xy} &= \partial u/\partial y + \partial v/\partial x + (\partial w/\partial x)(\partial w/\partial y) \\ \kappa_x &= \partial^2 w/\partial x^2 \; ; \quad \kappa_y = \partial^2 w/\partial y^2 \; ; \quad \kappa_{xy} = \partial^2 w/\partial x \partial y \quad . \end{aligned} \tag{3.1}$$

Die Spannungskomponenten erhalten wir aus den Grundgleichungen der Theorie kleiner elastisch-plastischer Verzerrungen. Im Fall eines <u>inkompressiblen</u> Materials gilt das spezielle HENCKYsche Gesetz (2.17)

$$\begin{aligned} \sigma_x - \tfrac{1}{2}\sigma_y &= E'\varepsilon_x \\ \sigma_y - \tfrac{1}{2}\sigma_x &= E'\varepsilon_y \\ \tau_{xy} &= \tfrac{1}{3}E'\gamma_{xy} \quad , \end{aligned} \tag{3.2}$$

worin

$$E' = \frac{\sigma_v}{\varepsilon_v} = E(1-\omega) \tag{3.3}$$

ist. E ist der Elastizitätsmodul, σ_v die Vergleichsspannung,

ε_v die Vergleichsdehnung und ω ein Parameter, der die Größe der plastischen Deformationen charakterisiert.

Die resultierenden Membrankräfte und Biegemomente berechnen wir aus den Äquivalenzbedingungen (2.19)

$$N_x = \int_{-h/2}^{+h/2} \sigma_x dz \ , \quad N_y = \int_{-h/2}^{+h/2} \sigma_y dz \ , \quad N_{xy} = \int_{-h/2}^{+h/2} \tau_{xy} dz$$
$$M_x = \int_{-h/2}^{+h/2} \sigma_x z dz \ , \quad M_y = \int_{-h/2}^{+h/2} \sigma_y z dz \ , \quad M_{xy} = \int_{-h/2}^{+h/2} \tau_{xy} z dz \quad . \tag{3.4}$$

Nach Einsetzen der Beziehungen (3.1), (3.2) in die Gleichungen (3.4) und nach Durchführung der in (3.4) angegebenen Integrationen finden wir

$$\begin{aligned} \Omega^*(N_x - N_y/2)/Eh &= e_x + \Omega^{**}\kappa_x h/4 \\ \Omega^*(N_y - N_x/2)/Eh &= e_y + \Omega^{**}\kappa_y h/4 \\ 3\Omega^* N_{xy}/2Eh &= e_{xy} + \Omega^{**}\kappa_{xy} h/4 \\ 4(M_x - M_y/2)/3D &= -\ 3\Omega_2 e_x/h - (1 - 3\Omega_3/2)\kappa_x \\ 4(M_y - M_x/2)/3D &= -\ 3\Omega_2 e_y/h - (1 - 3\Omega_3/2)\kappa_y \\ 2M_{xy}/D &= -\ 3\Omega_2 e_{xy}/h - (1 - 3\Omega_3/2)\kappa_{xy} \end{aligned} \tag{3.5}$$

mit folgenden Bezeichnungen

$$z^* = 2z/h$$

$$\Omega_1 = \int_{-1}^{+1} \omega dz^* \qquad \Omega_2 = \int_{-1}^{+1} \omega z^* dz^* \qquad \Omega_3 = \int_{-1}^{+1} \omega z^{*2} dz^* \tag{3.6}$$

$$\Omega^* = (1 - \Omega_1/2)^{-1} \qquad \Omega^{**} = \Omega^* \Omega_2 \quad .$$

Hier ist $D = Eh^3/12(1-\nu^2)$ die Plattensteifigkeit, die in unserem Fall eines inkompressiblen Materials (d.h. für $\nu = 0,5$) in $D = Eh^3/9$ übergeht.

Die Gleichgewichtsbedingungen am Element sind nach (2.22a-c) mit den Krümmungen nach (3.1)

$$\frac{\partial N_x}{\partial x} + \frac{\partial N_{xy}}{\partial y} = 0 \ , \quad \frac{\partial N_{xy}}{\partial x} + \frac{\partial N_y}{\partial y} = 0 \tag{3.7}$$

$$\frac{\partial^2 M_x}{\partial x^2} + 2\frac{\partial^2 M_{xy}}{\partial x \partial y} + \frac{\partial^2 M_y}{\partial y^2} + N_x\kappa_x + N_y\kappa_y + 2N_{xy}\kappa_{xy} + q = 0 \quad . \tag{3.8}$$

Außerdem steht uns noch die Kompatibilitätsbedingung der Mittelebene nach Gleichung (2.3)

$$\frac{\partial^2 e_x}{\partial y^2} + \frac{\partial^2 e_y}{\partial x^2} - 2\frac{\partial^2 e_{xy}}{\partial x \partial y} = \kappa_{xy}^2 - \kappa_x \kappa_y \tag{3.9}$$

zur Verfügung. Wir führen eine Spannungsfunktion F mittels den Beziehungen

$$N_x = h\frac{\partial^2 F}{\partial y^2}\,, \quad N_y = h\frac{\partial^2 F}{\partial x^2}\,, \quad N_{xy} = -h\frac{\partial^2 F}{\partial x \partial y}$$

ein. Die Gleichungen (3.7) sind dann identisch erfüllt. Wir formen jetzt die Gleichungen (3.8) und (3.9) um. Dazu berechnen wir aus (3.5) die Größen e_x, e_y, e_{xy}, M_x, M_y, M_{xy} als Funktionen der Durchbiegung w und der Spannungsfunktion F und setzen die gewonnenen Resultate in (3.8) und (3.9) ein. Wir erhalten dann zwei Gleichungen:

a) die Gleichung der Kompatibilität

$$\frac{\partial^2}{\partial x^2}\left[\Omega^*\left(\frac{\partial^2 F}{\partial x^2} - \frac{1}{2}\frac{\partial^2 F}{\partial y^2}\right)\right] + \frac{\partial^2}{\partial y^2}\left[\Omega^*\left(\frac{\partial^2 F}{\partial y^2} - \frac{1}{2}\frac{\partial^2 F}{\partial x^2}\right)\right] + 3\frac{\partial^2}{\partial x \partial y}\left(\Omega^*\frac{\partial^2 F}{\partial x \partial y}\right) -$$
$$- \frac{Eh}{4}\left[\frac{\partial^2}{\partial y^2}(\Omega^{**}\kappa_x) + \frac{\partial^2}{\partial x^2}(\Omega^{**}\kappa_y) - 2\frac{\partial^2}{\partial x \partial y}(\Omega^{**}\kappa_{xy})\right] = E(\kappa_{xy}^2 - \kappa_x\kappa_y) \tag{3.10}$$

b) die Gleichgewichtsgleichung

$$\Delta\Delta w - \frac{\partial^2}{\partial x^2}\left[\Omega(\kappa_x + \kappa_y/2)\right] - \frac{\partial^2}{\partial y^2}\left[\Omega(\kappa_x/2 + \kappa_y)\right] - \frac{\partial^2}{\partial x \partial y}(\Omega\kappa_{xy}) +$$
$$+ \frac{9}{4Eh}\left[\frac{\partial^2}{\partial x^2}\left(\Omega^{**}\frac{\partial^2 F}{\partial y^2}\right) + \frac{\partial^2}{\partial y^2}\left(\Omega^{**}\frac{\partial^2 F}{\partial x^2}\right) - 2\frac{\partial^2}{\partial x \partial y}\left(\Omega^{**}\frac{\partial^2 F}{\partial x \partial y}\right)\right] - \tag{3.11}$$
$$- \frac{9}{Eh^2}\left(\frac{\partial^2 F}{\partial y^2}\kappa_x + \frac{\partial^2 F}{\partial x^2}\kappa_y - 2\frac{\partial^2 F}{\partial x \partial y}\kappa_{xy}\right) - \frac{9q(x,y)}{Eh^3} = 0$$

$$\text{mit} \quad \Omega = \frac{3}{4}(2\Omega_3 + \Omega^*\Omega_2^2) \quad \text{und} \quad \Delta\Delta = \frac{\partial^4}{\partial x^4} + 2\frac{\partial^4}{\partial x^2 \partial y^2} + \frac{\partial^4}{\partial y^4}\,.$$

Am Rande der Platte müssen die Lösungen dieses Gleichungssystems den jeweiligen geometrischen bzw. dynamischen Randbedingungen angepaßt werden. Die beiden Differentialgleichungen (3.10) und (3.11) sind die Hauptgleichungen der allgemeinen Theorie elastoplastischer Platten aus inkompressiblem Werkstoff bei endlichen Durchbiegungen. Eine ausführliche Darstellung der Lösungswege

führt LEPIK [15] in seiner Arbeit durch.
Im Spezialfall einer völlig elastischen Platte ist $\omega = 0$, und damit

$$\Omega_1 = \Omega_2 = \Omega_3 = \Omega^{**} = \Omega = 0$$

$$\Omega^{*} = 1 \quad .$$

Damit folgen aus (3.10) und (3.11) zwei Gleichungen

$$\Delta\Delta F = E(\kappa_{xy}^2 - \kappa_x \kappa_y) \quad ,$$

$$\Delta\Delta w = \frac{9}{Eh^2}\left(\frac{q}{h} + \frac{\partial^2 F}{\partial y^2}\kappa_x + \frac{\partial^2 F}{\partial x^2}\kappa_y - 2\frac{\partial^2 F}{\partial x \partial y}\kappa_{xy}\right) \quad , \tag{3.12}$$

die die Biegung elastischer Platten aus inkompressiblem Werkstoff bei endlichen Durchbiegungen beschreiben. Sie sind ein Spezialfall der KÁRMÁNschen Gleichungen für $\nu = 0{,}5$ (vgl. (3.30) für $\nu = 0{,}5$).

Zu relativ einfachen Lösungen können wir unter Benutzung der Variationsmethoden mit Hilfe eines RITZschen bzw. GALERKINschen Ansatzes gelangen. Beide Methoden sind ebenfalls bei LEPIK [15] auf unser Problem angewendet und besprochen. Da wir ihnen später im Abschnitt 3.3 über die elastische Plattenbiegung begegnen werden, wollen wir an dieser Stelle auf ihre Behandlung verzichten.

3.2 Elastisch-plastische Biegung bei kleinen Durchbiegungen

Dieser Fall ist nur physikalisch nichtlinear. Wir schränken daher die zweite Voraussetzung von Abschnitt 2.1 ein, indem wir kleine Durchbiegungen annehmen. Infolgedessen verschwindet die geometrische Nichtlinearität, da die Verzerrungen der Plattenmittelebene zu vernachlässigen sind. Alle anderen Voraussetzungen einschließlich einer beliebigen Querkontraktionszahl im elastischen Materialbereich sollen ohne Einschränkung gelten. Wir können daher diesen Fall nicht als Spezialfall der Gleichungen (3.10), (3.11) von LEPIK ansehen, da diese nur für einen inkompressiblen Werkstoff hergeleitet wurden. Hinsichtlich des Plattenwerkstoffes wollen wir jetzt voraussetzen, daß er linearelastisch-idealplastisch sein soll und im Fall des einachsigen

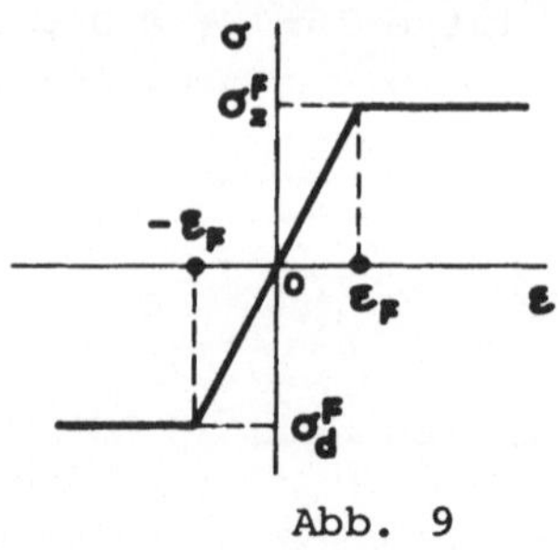

Abb. 9

Spannungszustandes die gleichen Beträge der Fließspannung $\sigma_z{}^F$ beim Zug und $\sigma_d{}^F$ beim Druck aufweisen soll und damit

$$\sigma_z{}^F = |\sigma_d{}^F| = \sigma_F$$

gelten soll (Abb. 9). Im elastischen Bereich soll das HOOKEsche Gesetz gelten. Das Materialgesetz ist dann

$$\sigma = \begin{cases} -\sigma_F & \text{für} \quad \varepsilon \leqslant -\varepsilon_F \\ E\varepsilon & \text{für} \quad -\varepsilon_F \leqslant \varepsilon \leqslant +\varepsilon_F \\ \sigma_F & \text{für} \quad \varepsilon \geqslant \varepsilon_F \quad . \end{cases} \tag{3.13}$$

Da die Mittelfläche jetzt keine Verzerrungen aufweist, setzen wir in (2.6) $e_x = e_y = e_{xy} = 0$ und erhalten für die Verzerrungen

$$\varepsilon_x = -z\kappa_x \qquad \varepsilon_y = -z\kappa_y \qquad \gamma_{xy} = -2z\kappa_{xy} \quad . \tag{3.14}$$

Die Spannungs-Verzerrungsbeziehungen im elastischen Materialbereich für einen Werkstoff mit beliebiger Querkontraktionszahl ν folgen aus dem HOOKEschen Gesetz (2.15) mit (3.14) zu

$$\begin{aligned} \sigma_x &= -Ez(\kappa_x+\nu\kappa_y)/(1-\nu^2) \\ \sigma_y &= -Ez(\kappa_y+\nu\kappa_x)/(1-\nu^2) \\ \tau_{xy} &= -2Gz\kappa_{xy} = -Ez\kappa_{xy}/(1+\nu) = \tau_{yx} \quad . \end{aligned} \tag{3.15}$$

An den Grenzflächen $z_{1,2} = \pm\zeta(x,y)$ zwischen dem elastischen und dem plastischen Bereich der Platte (vgl. Abb. 10) muß einerseits noch das HOOKEsche Gesetz, andrerseits aber auch eine Fließbedingung, z.B. die von HUBER-MISES (2.28)

$$\sigma_x{}^2 + \sigma_y{}^2 - \sigma_x\sigma_y + 3\tau_{xy}^2 = \sigma_F{}^2$$

erfüllt sein. Nach Einsetzen der Spannungen (3.15) in diese Fließbedingung erhalten wir mit $z = \zeta$

$$E^2\zeta^2\left[(\kappa_x+\nu\kappa_y)^2 + (\kappa_y+\nu\kappa_x)^2 - (\kappa_x+\nu\kappa_y)(\kappa_y+\nu\kappa_x) + 3(1-\nu)^2\kappa_{xy}^2\right] = \\ = \sigma_F{}^2(1-\nu^2)^2 \quad , \tag{3.16}$$

und daraus

$$\zeta = \sigma_F(1-\nu^2)\Big/E\sqrt{\alpha(\kappa_x^2+\kappa_y^2) + \beta\kappa_x\kappa_y + \gamma\kappa_{xy}^2} \qquad (3.17)$$

mit

$$\alpha = 1 - \nu + \nu^2$$
$$\beta = 4\nu - 1 - \nu^2 \qquad (3.17a)$$
$$\gamma = 3(1-\nu)^2 \quad .$$

Aus (3.15) folgt, daß die Spannungen σ_x, σ_y, σ_{xy} im elastischen Bereich längs einer beliebigen Normalen zur Mittelfläche proportional dem Abstand z von dieser Fläche anwachsen. Wir setzen voraus, daß diese Spannungen oberhalb der Grenzfläche ζ diejenigen Werte beibehalten, die sie an der Bereichsgrenze erreicht haben. Dadurch ist die HUBER-MISES-Fließbedingung im ganzen plastischen Bereich erfüllt und es ergibt sich der Spannungsverlauf nach Abb. 10. Aus den Äquivalenzbedingungen (2.19) folgen dann die Schnittlasten (pro Längeneinheit)

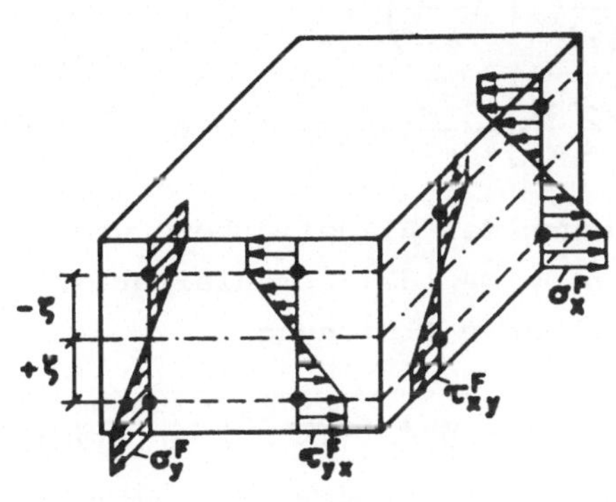

Abb. 10

$$M_x = \int_{(h)} \sigma_x z\,dz = 2\int_0^{\zeta} \sigma_x z\,dz + 2\sigma_x^F \int_{\zeta}^{h/2} z\,dz = -E\zeta(h^2/4-\zeta^2/3)(\kappa_x+\nu\kappa_y)/(1-\nu^2) \qquad (3.18a)$$

und analog - durch Vertauschen von x und y

$$M_y = \int_{(h)} \sigma_y z\,dz = -E\zeta(h^2/4-\zeta^2/3)(\kappa_y+\nu\kappa_x)/(1-\nu^2) \quad , \qquad (3.18b)$$

sowie schließlich

$$M_{xy} = \int_{(h)} \tau_{xy} z\,dz = -E\zeta(h^2/4-\zeta^2/3)\kappa_{xy}/(1+\nu) \quad . \qquad (3.18c)$$

Nach Einsetzen dieser Beziehungen in die Momentengleichgewichtsbedingung (2.22a), die wegen

$$N_x = N_y = N_{xy} = 0$$

die Form

$$\frac{\partial^2 M_x}{\partial x^2} + 2\frac{\partial^2 M_{xy}}{\partial x \partial y} + \frac{\partial^2 M_y}{\partial y^2} = -q$$

annimmt, erhalten wir die Gleichung

$$\begin{aligned}
&\zeta(h^2/4-\zeta^2/3)\left(\frac{\partial^4 w}{\partial x^4}+2\frac{\partial^4 w}{\partial x^2\partial y^2}+\frac{\partial^4 w}{\partial y^4}\right)+\\
&+(h^2/2-2\zeta^2)\left[\left(\frac{\partial^3 w}{\partial x^3}+\frac{\partial^3 w}{\partial x\partial y^2}\right)\frac{\partial\zeta}{\partial x}+\left(\frac{\partial^3 w}{\partial y^3}+\frac{\partial^3 w}{\partial x^2\partial y}\right)\frac{\partial\zeta}{\partial y}\right]+\\
&+\left[(h^2/4-\zeta^2)\frac{\partial^2\zeta}{\partial x^2}-2\zeta\left(\frac{\partial\zeta}{\partial x}\right)^2\right]\left(\frac{\partial^2 w}{\partial x^2}+\nu\frac{\partial^2 w}{\partial y^2}\right)+\\
&+\left[(h^2/4-\zeta^2)\frac{\partial^2\zeta}{\partial y^2}-2\zeta\left(\frac{\partial\zeta}{\partial y}\right)^2\right]\left(\frac{\partial^2 w}{\partial y^2}+\nu\frac{\partial^2 w}{\partial x^2}\right)+\\
&+2(1-\nu)\left[(h^2/4-\zeta^2)\frac{\partial^2\zeta}{\partial x\partial y}-2\zeta\frac{\partial\zeta}{\partial x}\frac{\partial\zeta}{\partial y}\right]\frac{\partial^2 w}{\partial x\partial y}=(1-\nu^2)q/E\quad,
\end{aligned}\tag{3.19}$$

die zusammen mit (3.17) zur Bestimmung der Biegefläche w und der Grenzfläche ζ dient. Sie wurden von SWIDA [32] hergeleitet. Für den elastischen Bereich gilt die bekannte Gleichung

$$\frac{\partial^4 w}{\partial x^4}+2\frac{\partial^4 w}{\partial x^2\partial y^2}+\frac{\partial^4 w}{\partial y^4}=\frac{q}{D}\quad\text{mit}\quad D=Eh^3/12(1-\nu^2)\quad,\tag{3.20}$$

die wir auch rein formal aus (3.19) durch Einsetzen von $\zeta = h/2 = \text{const}$ erhalten können. An den Bereichsgrenzen müssen die Bedingungen des stetigen Überganges für die Spannungen und Verzerrungen erfüllt werden.

Um den Einfluß der Plastizierung auf die Plattenbiegung qualitativ untersuchen zu können, betrachten wir zwei Spezialfälle, in denen die Geometrie der Platte vorgegeben ist:

Beispiel 1 (der brettförmige Balken)

Im Fall der Biegung der Platte in eine Zylinderfläche um die y-Achse verschwinden alle partiellen Ableitungen der Biegefläche w und der Grenzfläche ζ nach y . Es ist also

$$\frac{\partial^2 w}{\partial y^2}=0\ ,\quad \frac{\partial^2 w}{\partial x\partial y}=0\quad\text{und}\quad\frac{\partial\zeta}{\partial y}=0\quad.$$

Die allgemeine Gleichung (3.19) liefert dann in diesem Spezialfall

$$\begin{aligned}
&\zeta(h^2/4-\zeta^2/3)\frac{\partial^4 w}{\partial x^4}+(h^2/2-2\zeta^2)\frac{\partial^3 w}{\partial x^3}\frac{\partial\zeta}{\partial x}+\\
&+\left[(h^2/4-\zeta^2)\frac{d^2\zeta}{dx^2}-2\zeta\left(\frac{\partial\zeta}{\partial x}\right)^2\right]\frac{\partial^2 w}{\partial x^2}=(1-\nu^2)q/E
\end{aligned}\tag{3.21a}$$

und aus (3.17) folgt

$$\zeta = \frac{\sigma_F(1-\nu^2)}{\sqrt{\alpha}E(\partial^2 w/\partial x^2)} \quad . \tag{3.21b}$$

Wir bezeichnen mit

$$I_p(\zeta(x)) = \frac{\zeta h^2}{4} - \frac{\zeta^3}{3}$$

das elastisch-plastische Flächenträgheitsmoment (pro Breiteneinheit) und erhalten mit

$$\frac{\partial I_p}{\partial x} = \frac{h^2}{4}\frac{\partial \zeta}{\partial x} - \zeta^2\frac{\partial \zeta}{\partial x}$$

und

$$\frac{\partial^2 I_p}{\partial x^2} = \frac{h^2}{4}\frac{\partial^2 \zeta}{\partial x^2} - 2\zeta\left(\frac{\partial \zeta}{\partial x}\right)^2 - \zeta^2\frac{\partial^2 \zeta}{\partial x^2}$$

aus der Gleichung (3.21a)

$$\frac{\partial^4 w}{\partial x^4}I_p + 2\frac{\partial^3 w}{\partial x^3}\frac{\partial I_p}{\partial x} + \frac{\partial^2 w}{\partial x^2}\frac{\partial^2 I_p}{\partial x^2} = \frac{q(1-\nu^2)}{E} \quad ,$$

woraus nach Integration

$$\frac{\partial^3 w}{\partial x^3}I_p + \frac{\partial^2 w}{\partial x^2}\frac{\partial I_p}{\partial x} = -\frac{Q(1-\nu^2)}{E}$$

und nach nochmaliger Integration

$$\frac{\partial^2 w}{\partial x^2}I_p(x) = -\frac{M(1-\nu^2)}{E}$$

folgt. Hier ist das Biegemoment auf die Breiteneinheit des Plattenstreifens bezogen. Diese Gleichung stimmt bis auf den konstanten Faktor $(-1+\nu^2)$ mit der bei RECKLING [28] S. 103 angegebenen Gleichung für plastische Biegung eines Balkens überein. In [28] wurden zahlreiche Lösungen der Balkenprobleme angegeben.

Wir können die Ergebnisse übernehmen, wobei wir die dort angegebenen Lösungen für die Durchbiegungen mit dem Faktor $(-1+\nu^2)$ multiplizieren müssen. In Abb. 11 sind die Durchbiegungen eines Plattenstreifens unter einer streckenverteilten Last für zwei Lagerungsfälle aufgezeichnet. Die Last q bzw. der maximale Biegepfeil f sind auf die elastische Grenzlast q_e bzw. die elastische Grenzdurchbiegung f_e bezogen. Das Beispiel zeigt einen starken Einfluß der Plastizierung auf die maximale Durchbiegung nach der Überschreitung der elastischen Grenzlast.

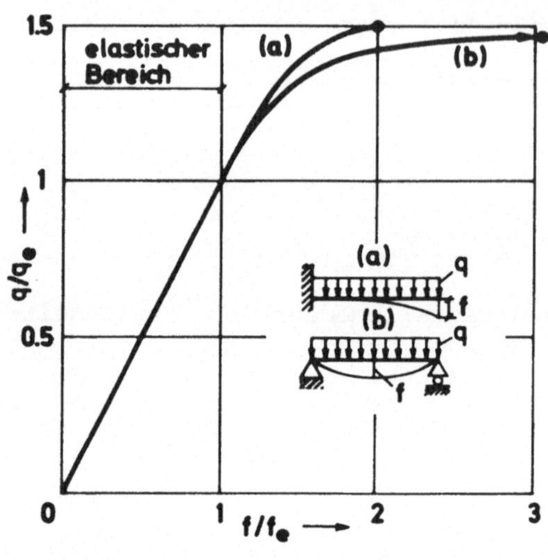

Abb. 11

Beispiel 2:

Wir nehmen an, daß in der Platte die Krümmungen κ_x, κ_{xy}, κ_y überall konstant sind. Wir nennen sie

$$\kappa_x = 2c_1 \qquad \kappa_{xy} = 2c_2 \qquad \kappa_y = 2c_3 \quad . \tag{3.22}$$

Die Grenzfläche ζ ist damit nach (3.17) von x und y unabhängig. Die Biegefläche, die die Bedingungen (3.22) erfüllt, ist eine quadratische Funktion

$$w = c_1x^2 + 2c_2xy + c_3y^2 \quad .$$

Die Koeffizienten c_1, c_2, c_3 bestimmen wir aus (3.18a-c). Mit (3.22) erhalten wir zuerst

$$M_x = -\ \psi(\zeta)(c_1+\nu c_3)$$
$$M_y = -\ \psi(\zeta)(c_3+\nu c_1)$$
$$M_{xy} = -\ \psi(\zeta)(1-\nu)c_2 \quad ,$$

mit $$\psi(\zeta) = 2E\zeta(h^2/4-\zeta^3/3)/(1-\nu^2) \quad .$$

Wegen (3.22) sind die Biege- und Torsionsmomente in der ganzen Platte und auf dem Rande konstant.

Die Auflösung dieses Gleichungssystems ergibt

$$c_1 = -(M_x - \nu M_y)/\psi(1-\nu^2)$$
$$c_2 = -M_{xy}/\psi(1-\nu) = -M_{xy}(1+\nu)/\psi(1-\nu^2)$$
$$c_3 = -(M_y - \nu M_x)/\psi(1-\nu^2) \quad ,$$

womit w zu

$$w = -\left[(M_x - \nu M_y)x^2 + 2(1+\nu)M_{xy}xy + (M_y - \nu M_x)y^2\right]/2E\zeta(h^2/4 - \zeta^2/3) \quad (3.23)$$

wird.

Die Grenzfläche ζ bestimmen wir aus (3.16). Aus den Gleichungen (3.18a-c) erhalten wir zunächst

$$\kappa_x + \nu\kappa_y = -M_x/D_p$$
$$\kappa_y + \nu\kappa_x = -M_y/D_p$$
$$(1-\nu)\kappa_{xy} = -M_{xy}/D_p$$

mit der Biegesteifigkeit

$$D_p = E\zeta(h^2/4 - \zeta^2/3)/(1-\nu^2)$$

der Platte im elasto-plastischen Zustand. Dies in (3.16) eingesetzt, liefert für die Grenzfläche ζ

$$\zeta = \sqrt{3h^2/4 - (3/\sigma_F)\sqrt{M_x^2 + M_y^2 - M_xM_y + 3M_{xy}^2}} \quad ,$$

bzw. nach Division mit h und einigen Umformungen

$$\bar{\zeta} = \sqrt{3/4}\sqrt{1 - (1/M_F)\sqrt{M_x^2 + M_y^2 - M_xM_y + 3M_{xy}^2}}$$

mit $\bar{\zeta} = \zeta/h$ und dem Fließmoment pro Längeneinheit $M_F = \sigma_F h^2/4$ nach Abb. 13b

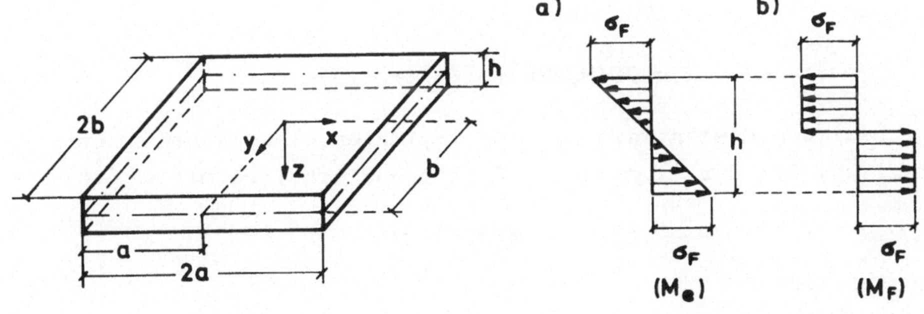

Abb. 12 Abb. 13

Als Zahlenbeispiel betrachten wir eine quadratische Platte nach Abb. 12 mit $\nu = 0{,}3$, $a/h = b/h = 10$, die mit $M_x = M_y$ belastet wird. Dabei wird $M_{xy} = 0$ angenommen.

Für die Grenzfläche $\bar{\zeta}$ erhalten wir in diesem Fall

$$\bar{\zeta} = \sqrt{\frac{3}{4}}\sqrt{1-M_x/M_F} \quad .$$

Ihr Verlauf ist in Abb. 14 dargestellt. Für $M_x \leqslant M_e$, wobei $M_e = \sigma_F h^2/6$ nach Abb. 13a das elastische Grenzmoment pro Längeneinheit ist, ist $\bar{\zeta} > h/2$, die Grenzfläche liegt also außerhalb

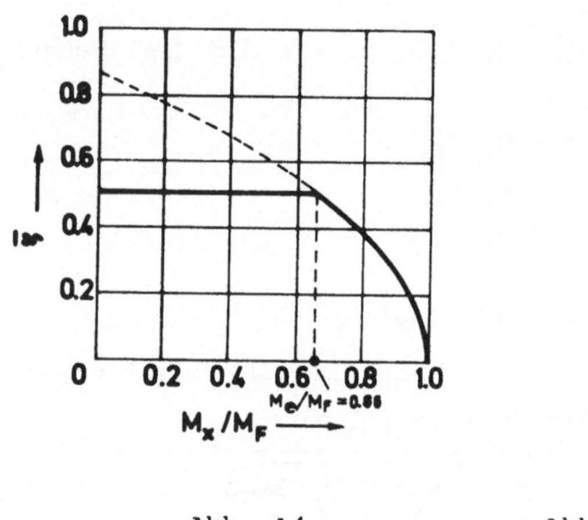

Abb. 14

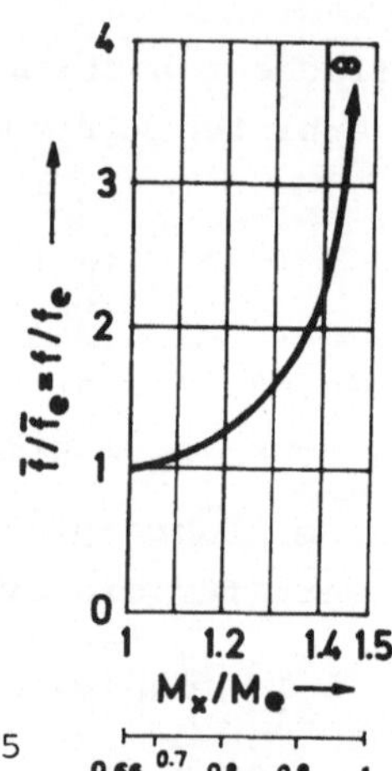

Abb. 15

der Platte, die Platte selbst bleibt elastisch. Für $M_x > M_e$ stellen wir ein rasches Fortschreiten der Plastizierung fest. Der maximale Biegepfeil $\bar{f} = \max|w/h|$ ergibt sich aus (3.23) mit $x = y = a = 10h$ zu

$$\bar{f} = 70(M_x/Eh^2)/\bar{\zeta}(1/4-\bar{\zeta}^2/3) \quad .$$

Wir beziehen diesen Wert auf den maximalen elastischen Biegepfeil $\bar{f}_e$, der für $\bar{\zeta} = 1/2$ auftritt und erhalten mit

$$\bar{f}_e = 70(M_e/Eh^2)12$$

die Relation

$$\bar{f}/\bar{f}_e = \left(\frac{M_x}{M_e}\right)\left[12\bar{\zeta}(1/4-\bar{\zeta}^2/3)\right]^{-1} \quad .$$

Die Abb. 15 zeigt den Verlauf dieser Funktion in Abhängigkeit von M_x/M_e und von M_x/M_F . Für $M_x \leqslant M_e$, d.h. für $M_x/M_F \leqslant 2/3$ bleibt die Platte elastisch, d.h. es ist $\bar{f}/\bar{f}_e = 1$.

In einem Spezialfall runder rotationssymmetrisch belasteter Kreisplatten vereinfachen sich die Plattengleichungen für den plastischen Zustand, da sämtliche dynamische und geometrische Größen Funktionen nur des Plattenradius r sind. In [30] hat SOKOLOVSKIJ eine gleichmäßig belastete gelenkig gelagerte Kreisplatte im elasto-plastischen Materialbereich bei kleinen Durchbiegungen untersucht. Dabei benutzt er eine von ihm entwickelte Darstellung der Spannungs- und Verzerrungskomponenten und setzt die Gültigkeit des finiten HENCKYschen Materialgesetzes voraus. Eine ausführliche Beschreibung dieses Problems findet der Leser auch bei SOKOLOVSKIJ [31].

3.3 Endliche Durchbiegungen elastischer Platten

3.3.1 Grundgleichungen

Wir wollen uns jetzt mit dem Fall der Plattenbiegung befassen, in dem nur die geometrische Nichtlinearität auftritt. Sie wird durch die Mittelflächenverzerrungen (2.2) verursacht, in denen die nichtlinearen Anteile der Durchbiegung w enthalten sind. Die Grundlagen der Theorie dünner Platten mit endlichen Durchbiegungen haben CLEBSCH und KIRCHHOFF gegeben. KIRCHHOFF [48] hat unter Benutzung der nach ihm genannten und im Abschnitt 2.2 behandelten Hypothese die Verzerrungen der Platte untersucht. Damit erhält man aus den Gleichgewichtsbedingungen ein Differentialgleichungssystem, in dem die Verschiebungen u, v der Mittelfläche und die Durchbiegung w auftreten. Anstatt der drei Gleichungen für u, v, w ist es möglich, die Plattenbiegung durch ein System von zwei Differentialgleichungen für die Biegefläche w und die AIRYsche Spannungsfunktion F zu beschreiben. Diese Formulierung wurde von KÁRMÁN [49] im Jahre 1910 gegeben. Wir wollen uns jetzt mit den beiden Gleichungssystemen befassen.

3.3.1.1 Plattengleichungen in Verschiebungen ausgedrückt

Die Platte soll elastisch bleiben, es entfallen also die Voraussetzungen 3 bis 5 von Abschnitt 2.1. In der ganzen Platte gilt das HOOKEsche Gesetz (2.15), das nach Auflösung nach den Spannungen unter Berücksichtigung von (2.6) die Form

$$\sigma_x = \frac{E}{1-\nu^2}(\varepsilon_x+\nu\varepsilon_y) = \frac{E}{1-\nu^2}\left[(e_x+\nu e_y) - z(\kappa_x+\nu\kappa_y)\right]$$

$$\sigma_y = \frac{E}{1-\nu^2}(\varepsilon_y+\nu\varepsilon_x) = \frac{E}{1-\nu^2}\left[(e_y+\nu e_x) - z(\kappa_y+\nu\kappa_x)\right]$$

$$\tau_{xy} = \frac{E}{2(1+\nu)}\gamma_{xy} = \frac{E}{1+\nu}(e_{xy}-z\kappa_{xy})$$

annimmt. Die Integrationen gemäß (2.19) liefern damit für die Schnittlasten (pro Längeneinheit)

$$N_x = \frac{Eh}{1-\nu^2}(e_x+\nu e_y)$$

$$N_y = \frac{Eh}{1-\nu^2}(e_y+\nu e_x) \qquad (3.24a)$$

$$N_{xy} = \frac{Eh}{1+\nu}e_{xy} = N_{yx}$$

$$M_x = \frac{-Eh^3}{12(1-\nu^2)}(\kappa_x+\nu\kappa_y) = -D(\kappa_x+\nu\kappa_y)$$

$$M_y = \frac{-Eh^3}{12(1-\nu^2)}(\kappa_y+\nu\kappa_x) = -D(\kappa_y+\nu\kappa_x) \qquad (3.24b)$$

$$M_{xy} = \frac{-Eh^3}{12(1+\nu)}\kappa_{xy} = -D(1-\nu)\kappa_{xy} = M_{yx} \quad .$$

Die ersten drei Relationen ergeben für die Verzerrungen der Mittelfläche

$$e_x = \frac{1}{hE}(N_x-\nu N_y)$$

$$e_y = \frac{1}{hE}(N_y-\nu N_x) \qquad (3.24c)$$

$$e_{xy} = \frac{1+\nu}{hE}N_{xy} \quad .$$

Die gewünschten Gleichungen erhalten wir aus (2.22a-c) durch Eliminieren der Schnittlasten nach (3.24a-b). Unter

Berücksichtigung der Beziehungen (2.2) zwischen den Verzerrungen und den Verschiebungen folgt mit (2.4b)

$$\frac{h^2}{12}(\Delta\Delta w - \frac{q}{D}) = \frac{\partial^2 w}{\partial x^2}\left\{\frac{\partial u}{\partial x} + \nu\frac{\partial v}{\partial y} + \frac{1}{2}(\frac{\partial w}{\partial x})^2 + \frac{1}{2}\nu(\frac{\partial w}{\partial y})^2\right\} + \frac{\partial^2 w}{\partial y^2}\left\{\frac{\partial v}{\partial y} + \nu\frac{\partial u}{\partial x} + \frac{1}{2}(\frac{\partial w}{\partial y})^2 + \frac{1}{2}\nu(\frac{\partial w}{\partial x})^2\right\} + (1-\nu)\frac{\partial^2 w}{\partial x\partial y}(\frac{\partial u}{\partial y} + \frac{\partial v}{\partial x} + \frac{\partial w}{\partial x}\frac{\partial w}{\partial y}) \quad (3.25a)$$

$$\frac{\partial}{\partial x}\left\{\frac{\partial u}{\partial x} + \frac{\partial v}{\partial y} + \frac{1}{2}\left[(\frac{\partial w}{\partial x})^2 + (\frac{\partial w}{\partial y})^2\right]\right\} + (\frac{1-\nu}{1+\nu})(\Delta u + \frac{\partial w}{\partial x}\Delta w) = 0$$

$$\frac{\partial}{\partial y}\left\{\frac{\partial u}{\partial x} + \frac{\partial v}{\partial y} + \frac{1}{2}\left[(\frac{\partial w}{\partial x})^2 + (\frac{\partial w}{\partial y})^2\right]\right\} + (\frac{1-\nu}{1+\nu})(\Delta v + \frac{\partial w}{\partial y}\Delta w) = 0 \quad (3.25b)$$

vgl. MANSFIELD [17] .

In dem speziellen Fall runder rotationssymmetrisch belasteter Platten erhalten wir ganz analog ein System von zwei Differentialgleichungen. Wir gewinnen sie aus den Gleichgewichtsgleichungen (2.25) ebenfalls durch Eliminieren der Schnittlasten N_r, N_t, M_r, M_t. Unter Berücksichtigung der Verzerrungs-Verschiebungsbeziehungen (2.7), (2.8) und der Hauptkrümmungen (2.9) für runde Platten erhalten wir analog zu (3.24a-b) für die Schnittlasten N_r , N_t , M_r und M_t

$$N_r = \frac{Eh}{1-\nu^2}(e_r+\nu e_t) = \frac{Eh}{1-\nu^2}\left[\frac{du}{dr} + \frac{1}{2}(\frac{dw}{dr})^2 + \nu\frac{u}{r}\right]$$

$$N_t = \frac{Eh}{1-\nu^2}(e_t+\nu e_r) = \frac{Eh}{1-\nu^2}\left[\frac{u}{r} + \nu\frac{du}{dr} + \frac{\nu}{2}(\frac{dw}{dr})^2\right]$$

$$M_r = -D(\kappa_r+\nu\kappa_t) = -D(\frac{d^2w}{dr^2} + \frac{\nu}{r}\frac{dw}{dr}) \quad (3.26)$$

$$M_t = -D(\kappa_t+\nu\kappa_r) = -D(\frac{1}{r}\frac{dw}{dr} + \nu\frac{d^2w}{dr^2}) \quad .$$

Damit folgt aus (2.25) das Gleichungssystem

$$\frac{d^2u}{dr^2} + \frac{1}{r}\frac{du}{dr} - \frac{u}{r^2} = -\frac{1-\nu}{2r}(\frac{dw}{dr})^2 - \frac{dw}{dr}\frac{d^2w}{dr^2} \quad (3.27a)$$

$$\frac{d^3w}{dr^3} + \frac{1}{r}\frac{d^2w}{dr^2} - \frac{1}{r^2}\frac{dw}{dr} = \frac{12}{h^2}\frac{dw}{dr}\left[\frac{du}{dr} + \nu\frac{u}{r} + \frac{1}{2}(\frac{dw}{dr})^2\right] + \frac{1}{Dr}\int_0^r q\tilde{r}d\tilde{r} \ . \quad (3.27b)$$

3.3.1.2 KÁRMÁNsche Gleichungen

Zu ihrer Herleitung führen wir eine Spannungsfunktion F(x,y) ein, die mittels

$$N_x = h\frac{\partial^2 F}{\partial y^2}$$

$$N_y = h\frac{\partial^2 F}{\partial x^2} \qquad (3.28)$$

$$N_{xy} = -h\frac{\partial^2 F}{\partial x \partial y}$$

definiert ist. Dadurch ist gewährleistet, daß die Gleichgewichtsbedingungen (2.22b) und (2.22c) identisch erfüllt sind. Nach Einsetzen der Momentenschnittlasten (3.24b) und der Gleichungen (3.28) in die übrig gebliebene Gleichgewichtsbedingung (2.22a) erhalten wir mit (2.4b) die erste Plattengleichung zu

$$\frac{\partial^4 w}{\partial x^4} + 2\frac{\partial^4 w}{\partial x^2 \partial y^2} + \frac{\partial^4 w}{\partial y^4} = \frac{h}{D}\left(\frac{q}{h} + \frac{\partial^2 F}{\partial y^2}\frac{\partial^2 w}{\partial x^2} + \frac{\partial^2 F}{\partial x^2}\frac{\partial^2 w}{\partial y^2} - 2\frac{\partial^2 F}{\partial x \partial y}\frac{\partial^2 w}{\partial x \partial y}\right) \qquad (3.29a)$$

mit $D = Eh^3/12(1-\nu^2)$.

Die zweite Plattengleichung gewinnen wir aus der Kompatibilitätsbedingung (2.3) durch Einsetzen der Verzerrungen nach (3.24c) unter Berücksichtigung der Beziehungen (3.28) zu

$$\frac{\partial^4 F}{\partial x^4} + 2\frac{\partial^4 F}{\partial x^2 \partial y^2} + \frac{\partial^4 F}{\partial y^4} = E\left[\left(\frac{\partial^2 w}{\partial x \partial y}\right)^2 - \frac{\partial^2 w}{\partial x^2}\frac{\partial^2 w}{\partial y^2}\right] \quad . \qquad (3.29b)$$

Die beiden KÁRMÁNschen Grundgleichungen (3.29a-b) der nichtlinearen Theorie elastischer Platten dienen der Bestimmung der Spannungsfunktion F und der Durchbiegungsfunktion w. In abgekürzter Schreibweise nehmen sie die Form an

$$\Delta\Delta F = L_1(w)$$

$$\frac{D}{h}\Delta\Delta w = \frac{q}{h} + L_2(F,w) \qquad (3.30)$$

.

mit den Differentialoperatoren

$$\Delta = \frac{\partial^2}{\partial x^2} + \frac{\partial^2}{\partial y^2} \,, \quad \Delta\Delta = \frac{\partial^4}{\partial x^4} + 2\frac{\partial^4}{\partial x^2 \partial y^2} + \frac{\partial^4}{\partial y^4}$$

$$L_1(w) = E\left[\left(\frac{\partial^2 w}{\partial x \partial y}\right)^2 - \frac{\partial^2 w}{\partial x^2}\frac{\partial^2 w}{\partial y^2}\right] \qquad (3.30a)$$

$$L_2(F,w) = \frac{\partial^2 F}{\partial y^2}\frac{\partial^2 w}{\partial x^2} + \frac{\partial^2 F}{\partial x^2}\frac{\partial^2 w}{\partial y^2} - 2\frac{\partial^2 F}{\partial x \partial y}\frac{\partial^2 w}{\partial x \partial y} \,.$$

Die Lösungen für F und w müssen den jeweiligen Randbedingungen angepaßt werden. Die Untersuchung des Anwendungsbereiches der KÁRMÁNschen Gleichungen in bezug auf die Größenordnung der Mittelflächenverzerrungen wurde von KOLESNIKOV [10] durchgeführt.

In dem Spezialfall runder rotationssymmetrisch belasteter Platten werden die Differentialoperatoren (3.30a) Funktionen nur des Abstandes r vom Plattenmittelpunkt. Sie können mit der Substitution $r^2 = x^2 + y^2$ nach Abb. 8c zu

$$\Delta = \frac{d^2}{dr^2} + \frac{1}{r}\frac{d}{dr} \,, \quad \Delta\Delta = \frac{d^4}{dr^4} + \frac{2}{r}\frac{d^3}{dr^3} - \frac{1}{r^2}\frac{d^2}{dr^2} + \frac{1}{r^3}\frac{d}{dr}$$

$$L_1(w) = -\frac{E}{r}\frac{dw}{dr}\frac{d^2 w}{dr^2} \qquad (3.30b)$$

$$L_2(F,w) = \frac{1}{r}\left(\frac{d^2 F}{dr^2}\frac{dw}{dr} + \frac{dF}{dr}\frac{d^2 w}{dr^2}\right)$$

umgeformt werden. Von der Richtigkeit der Relationen überzeugen wir uns durch einfaches Differenzieren. Aus $r^2 = x^2 + y^2$ folgt z.B.:

$$\frac{\partial r}{\partial x} = \frac{x}{r} \,, \quad \frac{\partial r}{\partial y} = \frac{y}{r}$$

$$\frac{\partial^2 r}{\partial x^2} = \frac{y^2}{r^3} \,, \quad \frac{\partial^2 r}{\partial y^2} = \frac{x^2}{r^3} \,, \quad \frac{\partial^2 r}{\partial x \partial y} = -\frac{xy}{r^3}$$

und

$$\frac{\partial}{\partial x} = \frac{\partial r}{\partial x}\frac{d}{dr} \,, \qquad \frac{\partial}{\partial y} = \frac{\partial r}{\partial y}\frac{d}{dr}$$

sowie

$$\frac{\partial^2}{\partial x \partial y} = \frac{xy}{r^2}\frac{d^2}{dr^2} - \frac{xy}{r^3}\frac{d}{dr}$$

$$\frac{\partial^2}{\partial x^2} = \frac{x^2}{r^2}\frac{d^2}{dr^2} + \frac{y^2}{r^3}\frac{d}{dr} \qquad (3.31)$$

$$\frac{\partial^2}{\partial y^2} = \frac{y^2}{r^2}\frac{d^2}{dr^2} + \frac{x^2}{r^3}\frac{d}{dr} \quad .$$

Dies auf (3.30a) angewendet liefert tatsächlich (3.30b).
Die Membrankräfte (3.28) nehmen jetzt unter Verwendung von (3.31) die Form

$$\frac{N_x}{h} = \frac{y^2}{r^2}\frac{d^2F}{dr^2} + \frac{x^2}{r^3}\frac{dF}{dr}$$

$$\frac{N_y}{h} = \frac{x^2}{r^2}\frac{d^2F}{dr^2} + \frac{y^2}{r^3}\frac{dF}{dr} \qquad (3.32)$$

$$\frac{N_{xy}}{h} = -\frac{xy}{r^2}\frac{d^2F}{dr^2} + \frac{xy}{r^3}\frac{dF}{dr}$$

an. Nach den Transformationsformeln des sog. "MOHRschen Spannungskreises"

$$\frac{N_r}{h} = \frac{N_x}{h}\cos^2\varphi + \frac{N_y}{h}\sin^2\varphi + \frac{2N_{xy}}{h}\sin\varphi\cos\varphi$$

$$\frac{N_t}{h} = \frac{N_x}{h}\sin^2\varphi + \frac{N_y}{h}\cos^2\varphi - \frac{2N_{xy}}{h}\sin\varphi\cos\varphi$$

$$\frac{N_{rt}}{h} = \frac{N_y - N_x}{h}\sin\varphi\cos\varphi + \frac{N_{xy}}{h}(\cos^2\varphi - \sin^2\varphi)$$

(vgl. dazu z.B. RECKLING [28] S. 194) erhalten wir dann mit $\sin\varphi = y/r$, $\cos\varphi = x/r$ (vgl. Abb. 8c) für die Membrankräfte im "rotationssymmetrischen" Fall

$$N_r = \frac{h}{r}\frac{dF}{dr} \; , \quad N_t = h\frac{d^2F}{dr^2} \; , \quad N_{rt} = 0 \quad . \qquad (3.33)$$

3.3.1.3 Elastische Formänderungsarbeit

Wir erhalten sie aus dem Arbeitsdifferential (2.23) der inneren Kräfte durch Integration längs eines Verzerrungsweges, den wir in Form eines Ortsvektors $\vec{r}$

$$\vec{r} = \left\{ e_x, e_y, e_{xy}, \kappa_x, \kappa_y, \kappa_{xy} \right\}$$

in einem sechsdimensionalen Raum darstellen können. Integriert wird von einem verzerrungsfreien Zustand bis zu einem beliebigen Endverzerrungszustand

$$\vec{r}_e = \left\{ \tilde{e}_x, \tilde{e}_y, \tilde{e}_{xy}, \tilde{\kappa}_x, \tilde{\kappa}_y, \tilde{\kappa}_{xy} \right\} \quad .$$

Da die elastische Arbeit vom Integrationsweg unabhängig ist, können wir willkürlich annehmen, daß sämtliche Verzerrungsgrößen proportional einem Parameter λ anwachsen. Als Integrationsweg wählen wir also

$$\vec{r} = \left\{ e_x, e_y, e_{xy}, \kappa_x, \kappa_y, \kappa_{xy} \right\} = \lambda \left\{ \tilde{e}_x, \tilde{e}_y, \tilde{e}_{xy}, \tilde{\kappa}_x, \tilde{\kappa}_y, \tilde{\kappa}_{xy} \right\}$$

mit $0 \leq \lambda \leq 1$ und erhalten damit aus (3.24a-b) für die Schnittlasten eine analoge Beziehung

$$\left\{ N_x, N_y, N_{xy}, M_x, M_y, M_{xy} \right\} = \lambda \left\{ \tilde{N}_x, \tilde{N}_y, \tilde{N}_{xy}, \tilde{M}_x, \tilde{M}_y, \tilde{M}_{xy} \right\} \quad .$$

Damit und mit

$$\left\{ de_x, de_y, de_{xy}, d\kappa_x, d\kappa_y, d\kappa_{xy} \right\} = d\lambda \left\{ \tilde{e}_x, \tilde{e}_y, \tilde{e}_{xy}, \tilde{\kappa}_x, \tilde{\kappa}_y, \tilde{\kappa}_{xy} \right\}$$

folgt aus (2.23)

$$A^{(i)} = \int_{\vec{r}=\vec{o}}^{\vec{r}=\vec{r}_e} dA^{(i)} =$$

$$= \int_{\lambda=o}^{1} \lambda \, d\lambda \iint dxdy \, (\tilde{N}_x \tilde{e}_x + \tilde{N}_y \tilde{e}_y + 2\tilde{N}_{xy} \tilde{e}_{xy} - \tilde{M}_x \tilde{\kappa}_x - \tilde{M}_y \tilde{\kappa}_y - 2\tilde{M}_{xy} \tilde{\kappa}_{xy}) \quad .$$

Zur Vereinfachung lassen wir die Tilden weg und erhalten nach

Integration die elastische Formänderungsarbeit

$$A^{(i)} = U^{(i)} + \tilde{U}^{(i)} \tag{3.34}$$

mit der Energie der Mittelflächenverzerrungen

$$U^{(i)} = \frac{1}{2}\iint (N_x e_x + N_y e_y + 2N_{xy} e_{xy})\,dxdy \tag{3.34a}$$

und der Biegeenergie

$$\tilde{U}^{(i)} = -\frac{1}{2}\iint (M_x \kappa_x + M_y \kappa_y + 2M_{xy} \kappa_{xy})\,dxdy \quad . \tag{3.34b}$$

Bei den Lösungen mit Hilfe von Variationsproblemen verwendet man oft das sog. elastische Potential

$$\Pi = U^{(i)} + \tilde{U}^{(i)} - A^{(a)} \tag{3.35}$$

mit der Arbeit der äußeren Kräfte $A^{(a)}$.

Die Energieanteile $U^{(i)}$ und $\tilde{U}^{(i)}$ können wir durch reine Verzerrungsgrößen mittels der Beziehungen (3.24a-b) ausdrücken und erhalten

$$U^{(i)} = \frac{Eh}{2(1-\nu^2)}\iint\left[e_x^2 + e_y^2 + 2\nu e_x e_y + 2(1-\nu)e_{xy}^2\right]dxdy \tag{3.36a}$$

$$\tilde{U}^{(i)} = \frac{D}{2}\iint\left[(\kappa_x+\kappa_y)^2 - 2(1-\nu)\left(\kappa_x\kappa_y - \kappa_{xy}^2\right)\right]dxdy \quad . \tag{3.36b}$$

Die Energie $U^{(i)}$ kann auch durch die Membrankräfte dargestellt werden. Mit (3.24c) folgt aus (3.36a)

$$U^{(i)} = \frac{1}{2Eh}\iint\left[(N_x+N_y)^2 - 2(1+\nu)(N_x N_y - N_{xy}^2)\right]dxdy \tag{3.37a}$$

und daraus mit der Spannungsfunktion F nach (3.28)

$$U^{(i)} = \frac{h}{2E}\iint\left\{\left(\frac{\partial^2 F}{\partial x^2} + \frac{\partial^2 F}{\partial y^2}\right)^2 - 2(1+\nu)\left[\frac{\partial^2 F}{\partial x^2}\frac{\partial^2 F}{\partial y^2} - \left(\frac{\partial^2 F}{\partial x \partial y}\right)^2\right]\right\}dxdy \quad . \tag{3.37b}$$

In dem Spezialfall runder rotationssymmetrisch belasteter Platten erhalten wir für die Energieausdrücke die zu (3.34a-b), (3.36a-b) und (3.37a) analogen Beziehungen, wenn wir in den dort auftretenden Größen rein formal den Index "x" durch "r" und den Index "y" durch "t" ersetzen und berücksichtigen, daß die Größen e_{rt}, κ_{rt}, N_{rt} und M_{rt} wegen der Rotationssymmetrie verschwinden. Das Plattenflächenelement dxdy ist jetzt durch $rdrd\varphi$ zu ersetzen. Wir bezeichnen den Plattenradius mit a und erhalten mit $\int_0^{2\pi} d\varphi = 2\pi$ für die Energie der Mittelflächenverzerrungen

$$U^{(i)} = \pi\int_0^a (N_r e_r + N_t e_t)\, r dr \tag{3.38a}$$

und für die Biegeenergie

$$\tilde{U}^{(i)} = -\pi\int_0^a (M_r \kappa_r + M_t \kappa_t)\, r dr \tag{3.38b}$$

mit den Verzerrungen nach (2.7), (2.8) und den Krümmungen nach (2.9). Diese Energieanteile können mittels der Beziehungen (3.26) durch reine Verzerrungsgrößen dargestellt werden zu

$$U^{(i)} = \frac{\pi E h}{1-\nu^2}\int_0^a (e_r^2 + e_t^2 + 2\nu e_r e_t)\, r dr \tag{3.39a}$$

$$\tilde{U}^{(i)} = \pi D\int_0^a \left[(\kappa_r + \kappa_t)^2 - 2(1-\nu)\kappa_r \kappa_t\right] r dr \quad . \tag{3.39b}$$

Wir drücken die Energie $U^{(i)}$ durch die Membrankräfte N_r und N_t bzw. durch die Spannungsfunktion F aus. Unter Benutzung von (3.26) folgt

$$U^{(i)} = \frac{\pi}{Eh}\int_0^a \left[(N_r + N_t)^2 - 2(1+\nu) N_r N_t\right] r dr \tag{3.39c}$$

und daraus mit (3.33)

$$U^{(i)} = \frac{\pi h}{E}\int_0^a \left[\left(\frac{1}{r}\frac{dF}{dr} + \frac{d^2F}{dr^2}\right)^2 - \frac{2(1+\nu)}{r}\frac{dF}{dr}\frac{d^2F}{dr^2}\right] r dr \quad . \tag{3.39d}$$

3.3.2 Die wichtigsten Lösungsmethoden

Die allgemeine Lösung der KÁRMÁNschen Gleichungen (3.30) ist nicht bekannt. Es existieren jedoch zahlreiche Lösungen spezieller nichtlinearer Plattenprobleme für den elastischen Materialbereich. Dabei werden entweder die Plattengleichungen (3.30) benutzt oder die zugehörigen Variationsprobleme durch Anwendung der Energiemethode gelöst.

Zu den typischen Lösungsmethoden gehören:

a) Direkte Lösungen der Plattengleichungen mit Hilfe der Reihenansätze
b) Kollokationsmethode
c) Differenzenverfahren
d) Störungsrechnung
e) Verfahren von GALERKIN
f) RITZsches Verfahren
g) Verfahren von KANTOROVITSCH
h) Verfahren von RITZ/PAPKOVITSCH
i) Methode der schrittweisen Näherungen .

Im folgenden geben wir einen kurzen Überblick über diese Methoden und besprechen einige typische Lösungsbeispiele.

3.3.2.1 Direkte Lösungen der Plattengleichungen mit Hilfe der Reihenansätze

Solche Lösungen wurden u.a. von LEVY [34] bis [36], SUNDARA RAJA IYENGAR/MATIN NAQVI [44], WAY [37] und FEDERHOFER/EGGER [3] angegeben. LEVY hat in [34] freigelagerte Rechteckplatten und in [35] fest eingespannte quadratische Platten behandelt. Die Lösungen wurden mit Hilfe der Ansätze in Form von trigonometrischen Doppelreihen für die Durchbiegung w und die Spannungsfunktion F bei gleichzeitiger Erfüllung der Randbedingungen direkt aus den KÁRMÁNschen Gleichungen gewonnen. SUNDARA RAJA IYENGAR/MATIN NAQVI [44] konnten durch geschickte Wahl der Doppelreihenfunktionen die Konvergenz der Lösungen für rechteckige Platten wesentlich verbessern.
Gleichmäßig belastete gelenkig gelagerte Kreisplatten mit verschieblichem und unverschieblichem Rand haben FEDERHOFER/EGGER [3]

und fest eingespannte Kreisplatten hat WAY [37] behandelt. Die Lösungen wurden hier unter Benutzung des umgeformten Gleichungssystems (2.25) mit Hilfe der Ansätze in Form von unendlichen Potenzreihen für den Biegewinkel und die Membrankraft in der Radialrichtung gewonnen. Eine ausführliche Betrachtung über die zwei letztgenannten Arbeiten findet der Leser auch bei BROMBERG [4] bzw. TIMOSHENKO [33].

3.3.2.2 Kollokationsmethode

Die Methode besteht in der Befriedigung des Gleichungssystems (3.30) mit den zugehörigen Randbedingungen in diskreten Punkten des Gebietes G der Plattenmittelebene und auf dem Rande Γ dieses Gebietes. Das Grundsätzliche erläutern wir anhand einer Differentialgleichung

$$L[U] = f \tag{3.40}$$

mit den Randbedingungen

$$\ell_i[U] = f_i \qquad i = 1,2,\ldots,m \quad , \tag{3.41}$$

wobei L und ℓ_i Differentialoperatoren sind. Als Lösungsansatz nehmen wir eine Funktion $\tilde{U}$

$$\tilde{U} = \tilde{U}(x,y,\ c_1,\ldots,c_n) \tag{3.42}$$

mit n freien Koeffizienten c_j $(j=1,\ldots,n)$ an. Nach Einsetzen von (3.42) in die Gleichungen (3.40) und (3.41) erhalten wir die Beziehungen

$$\begin{aligned} \delta &= L[\tilde{U}] - f \\ \delta_i &= \ell_i[\tilde{U}] - f_i \quad . \end{aligned} \tag{3.43}$$

Die Koeffizienten c_i bestimmen wir aus der Bedingung, daß δ und δ_i in n-Punkten, den sog. Kollokationspunkten, im Gebiet G und auf dem Rand Γ verschwinden soll. Diese Bedingungen führen auf ein System algebraischer Gleichungen in c_j

$$L[\tilde{U}(P_k)] - f = 0 \qquad (k=1,2,\ldots,n_1) \tag{3.44}$$

$$\ell_i[\tilde{U}(P_\ell)] - f_i = 0 \qquad (\ell=n_1+1,\ldots,n) \quad . \tag{3.45}$$

In dieser Form wird die Kollokationsmethode selten angewandt, weil zur Bestimmung einer guten Näherung eine große Anzahl der Koeffizienten c_j benötigt wird. Eine wesentliche Verbesserung erreicht man, indem man die Funktion $\tilde{U}$ so wählt, daß sie die Randbedingungen exakt erfüllt. Die Gleichungen (3.45) sind dann identisch erfüllt, die Koeffizienten c_j werden nur aus (3.44) bestimmt, was die Genauigkeit der Lösung erhöht.

In der Anwendung spielt die zweckmäßige Wahl der Näherungsfunktionen $\tilde{U}$ eine große Rolle. Es empfiehlt sich dabei, Funktionen zu nehmen, die die exakten Lösungen der verwandten vereinfachten Aufgaben beinhalten. Bei den nichtlinearen Aufgaben können wir die Funktion $\tilde{U}$ in Form eines Produktes

$$\tilde{U} = U_o(x,y)U_k(x,y,c_1,\ldots,c_n) \tag{3.46}$$

bzw. einer Summe

$$\tilde{U} = U_o(x,y) + \sum_{i=1}^{n} c_i U_i(x,y) \tag{3.47}$$

wählen, wobei $U_o(x,y)$ exakte Lösungen linearer Probleme und U_k bzw. U_i Korrekturfunktionen sind.

Als Beispiel betrachten wir nach KORNISHIN [14] eine fest eingespannte gleichmäßig belastete Kreisplatte mit dem Radius a und der Stärke h bei endlichen Durchbiegungen. Die Biegung rotationssymmetrisch belasteter Kreisplatten wird durch das System der nichtlinearen Differentialgleichungen (3.27a-b)

$$\begin{aligned} &\frac{d^2u}{dr^2} + \frac{1}{r}\frac{du}{dr} - \frac{u}{r^2} = -\frac{1-\nu}{2r}\left(\frac{dw}{dr}\right)^2 - \frac{dw}{dr}\frac{d^2w}{dr^2} \\ &\frac{d^3w}{dr^3} + \frac{1}{r}\frac{d^2w}{dr^2} - \frac{1}{r^2}\frac{dw}{dr} = \frac{12}{h^2}\frac{dw}{dr}\left[\frac{du}{dr} + \nu\frac{u}{r} + \frac{1}{2}\left(\frac{dw}{dr}\right)^2\right] + \frac{1}{Dr}\int_0^r q\tilde{r}d\tilde{r} \end{aligned} \tag{3.48}$$

beschrieben. Die Randbedingungen für festeingespannte Platten sind (vgl. Abschnitt 2.8)

$$u = 0\ , \quad w = 0\ , \quad \frac{dw}{dr} = 0 \qquad \text{für} \quad r = a\ . \tag{3.49}$$

Wegen (2.8) ist damit die vierte Randbedingung $v = 0$ erfüllt.

Durch einen Ansatz gelingt es uns, das Gleichungssystem (3.48) auf eine Differentialgleichung zu reduzieren, die wir dann mit Hilfe der Kollokationsmethode behandeln werden.

Entsprechend (3.46) wählen wir die Funktion $\tilde{w}$ in der Form

$$\tilde{w} = \left(1 - \frac{r^2}{a^2}\right)^2 \left(w_o + w_2 \frac{r^2}{a^2} + w_4 \frac{r^4}{a^4}\right) \qquad (3.50)$$

mit den freien Koeffizienten w_0, w_2 und w_4. Dieser Ansatz erfüllt die Randbedingungen (3.49) für w. Wir setzen (3.50) in die erste Gleichung des Systems (3.48) ein und erhalten so eine Differentialgleichung in u, deren Lösung in der Form

$$\tilde{u} = \sum_{i=1}^{8} c_{2i-1}(w_0, w_2, w_4)\, r^{2i-1} \qquad (3.51)$$

erscheint. Nach Einsetzen von (3.51) und (3.50) in die zweite Gleichung von (3.48) folgt dann mit der konstanten Last $q = q_o$ die Beziehung

$$2\delta(r, w_0, w_2, w_4) = -(1-\nu^2)\frac{qa^4}{Eh^4}\left(\frac{r}{a}\right) + \left(\frac{r}{a}\right)\left[A_0 + A_2\left(\frac{r}{a}\right)^2 + A_4\left(\frac{r}{a}\right)^4\right] - $$
$$- \left(\frac{r}{a}\right)\left[B_0 + B_2\left(\frac{r}{a}\right)^2 + B_4\left(\frac{r}{a}\right)^4 + \ldots + B_{20}\left(\frac{r}{a}\right)^{20}\right]$$

mit den Koeffizienten A_0, A_2, A_4 und B_0, B_2 ..., B_{20}, die von den drei Parametern w_0, w_2, w_4 abhängen. Wir können w_i aus der Bedingung bestimmen, daß der Fehler δ für 3 beliebige Radien $r = r_1$, $r = r_2$, $r = r_3$ verschwinden soll.

Unter Benutzung der Kollokationsmethode hat KORNISHIN [13] einige lineare und nichtlineare Plattenprobleme gelöst.

3.3.2.3 Differenzenverfahren

Diese Lösungsmethode dient zur numerischen Integration des Gleichungssystems (3.30). Wir legen in der Platte ein orthogonales Netz mit der Maschenweite a_x, a_y und ersetzen in jedem Maschenpunkt die Differentialquotienten $\partial^2/\partial x^2$, $\partial^2/\partial y^2$ ... durch die entsprechenden Differenzenquotienten Δ_{xx}, Δ_{yy}, ... Für eine Funktion U(x,y) und die Punktbezeichnung nach Abb. 16 lauten mit $a_x = a_y = a$ die Differenzenquotienten für den Punkt k

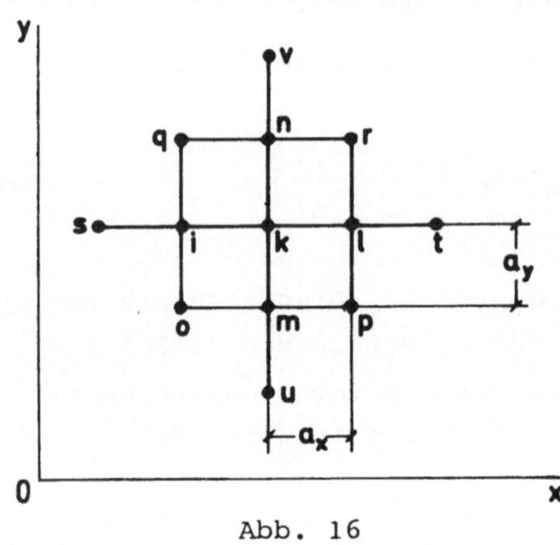

Abb. 16

$$\Delta_{xx}(U) = \frac{1}{a^2}(U_i - 2U_k + U_\ell) \;\hat{=}\; \frac{\partial^2 U}{\partial x^2}$$

$$\Delta_{yy}(U) = \frac{1}{a^2}(U_m - 2U_k + U_n) \;\hat{=}\; \frac{\partial^2 U}{\partial y^2} \qquad (3.52)$$

$$\Delta_{xy}(U) = \frac{1}{4a^2}(U_o - U_p - U_q + U_r) \;\hat{=}\; \frac{\partial^2 U}{\partial x \partial y}$$

und der Differentialoperator $\Delta\Delta$

$$a^4 \Delta\Delta(U) = 20U_k - 8(U_i+U_\ell+U_m+U_n) + 2(U_o+U_p+U_q+U_r) + (U_s+U_t+U_u+U_v) \qquad (3.53)$$

(vgl. z.B. TIMOSHENKO [33] S. 360). Nach Einsetzen der entsprechenden Ausdrücke für die Funktionen F und w in das Gleichungssystem (3.30) folgt für den Netzpunkt "k"

$$20F_k - 8(F_i+F_\ell+F_m+F_n) + 2(F_o+F_p+F_q+F_r) + (F_s+F_t+F_u+F_v) - \\ - E\left[\frac{1}{16}(w_o+w_r-w_p-w_q)^2 - (w_i-2w_k+w_\ell)(w_m-2w_k+w_n)\right] = 0 \quad , \qquad (3.54)$$

$$D\left[20w_k - 8(w_i+w_\ell+w_m+w_n) + 2(w_o+w_p+w_q+w_r) + (w_s+w_t+w_u+w_v)\right] - \\ - h\left[(F_m-2F_k+F_n)(w_i-2w_k+w_\ell) + (F_i-2F_k+F_\ell)(w_m-2w_k+w_n) - \\ - \frac{1}{8}(F_o+F_r-F_p-F_q)(w_o+w_r-w_p-w_q)\right] - q_k a^4 = 0 \quad . \qquad (3.55)$$

So gelangen wir zu zwei simultanen Gleichungen für die den Netzpunkten k zugeordneten Funktionswerte F_k der Spannungsfunktion bzw. der Wölbfläche w_k. Das Gleichungspaar ist für jeden Netzpunkt aufzustellen.

Für eine hinreichend genaue Approximation muß die Anzahl der Netzpunkte und damit die Anzahl der Gleichungspaare für F_k und w_k relativ groß sein. Die Gleichungen sind nichtlinear, was ihre Auflösung erschwert. Das Netz muß über den Plattenrand fortgesetzt werden, da wir einige außerhalb des Randes liegende Netzpunkte zur Formulierung der Randbedingungen benötigen. Für einen Punkt "k", der auf einem zur x-Achse parallelen, freigelagerten Plattenrand liegt, lauten z.B. die sog. NAVIERschen-Randbedingungen

$$w_k = 0 \quad \text{und} \quad (w_m - 2w_k + w_n) = 0 \quad ,$$

d.h. $w_m = -w_n$. Für einen eingespannten Rand folgt $w_k = 0$ und $w_m - w_n = 0$, d.h. $w_m = w_n$.

Eine ausführliche Beschreibung der Differenzenmethode findet man bei TIMOSHENKO [33], und über ihre Anwendung auf Plattenprobleme z.B. bei BAUER u.a. [6], KAISER [8], NADAI [16] und WANG [53].

3.3.2.4 Störungsrechnung

Wir wollen diese Lösungsmethode anhand eines von BROMBERG [4] behandelten Beispiels einer gleichmäßig belasteten freigelagerten Kreisplatte erläutern. Den Ausgangspunkt bildet das KÁRMÁNsche Gleichungssystem (3.30) mit (3.30b), das nach Integration

$$\frac{Eh^2}{12(1-\nu^2)}\, r\frac{d}{dr}(\Delta w) = \frac{qr^2}{2h} + \frac{dw}{dr}\frac{dF}{dr}$$

$$\frac{r}{E}\,\frac{d}{dr}(\Delta F) = -\frac{1}{2}\left(\frac{dw}{dr}\right)^2$$

liefert. Mit den Substitutionen

$$\rho = \frac{r^2}{a^2} \qquad \text{(a Plattenradius)}$$

$$\beta = -\left(\frac{Eh}{qa}\right)^{1/3}\frac{a}{r}\frac{dw}{dr}$$

und

$$\gamma = -\left(\frac{Eh}{qa}\right)^{2/3} \frac{1}{E}\,\frac{1}{r}\,\frac{dF}{dr}$$

$$k = \sqrt{12(1-\nu^2)}\,\frac{a}{h}\left(\frac{qa}{Eh}\right)^{1/3}$$

kann es zu

$$\begin{aligned} 8k^{-2}(\rho\beta)'' + 1 + 2\beta\gamma &= 0 \\ 8(\rho\gamma)'' - \beta^2 &= 0 \end{aligned} \qquad (3.56)$$

umgeformt werden. Die Striche kennzeichnen die Ableitungen nach ρ. Die Randbedingungen $M_{r_R} = 0$, $N_{r_R} = 0$ einer freigelagerten Platte (vgl. Abschnitt 2.8, Punkt B) nehmen jetzt die Gestalt

$$\begin{aligned} \gamma(1) &= 0 \\ 2\beta'(1) + (1+\nu)\beta(1) &= 0 \end{aligned} \qquad (3.56a)$$

an. Zusätzlich wollen wir annehmen, daß die Lösungen für β und γ in der Plattenmitte endlich bleiben, d.h. es gilt

$$\beta(0)\ ,\quad \gamma(0) \quad \text{endlich}\ . \qquad (3.56b)$$

Für den Lastfaktor $k < 1$ kann die Störungsrechnung angewendet werden. In diesem Fall werden die Funktionen β und γ als Potenzreihen von k^2 entwickelt

$$\begin{aligned} \beta(\rho) &= \beta_0(\rho) + k^2\beta_2(\rho) + k^4\beta_4(\rho) + \ldots \\ \gamma(\rho) &= \gamma_0(\rho) + k^2\gamma_2(\rho) + k^4\gamma_4(\rho) + \ldots \quad . \end{aligned}$$

Wir setzen diese Ausdrücke in die Gleichungen (3.56) sowie in die Randbedingungen (3.56a) und (3.56b) ein. Durch Koeffizientenvergleich für jede Potenz von k^2 erhält man einen Satz von gewöhnlichen Differentialgleichungen für β_i und γ_i. Sie können mit Hilfe von Polynomansätzen unter Berücksichtigung der Randbedingungen einfach integriert werden. Man überzeugt sich leicht, daß in unserem Fall β_0, γ_0 und γ_2 identisch Null sein müssen. Die ersten von Null verschiedenen Funktionen für β und γ sind im Fall einer freigelagerten Platte

$$\begin{aligned} \beta_2(\rho) &= 0{,}159 - 0{,}0625\,\rho \\ \gamma_4(\rho) &= (-1{,}201 + 1{,}573\rho - 0{,}413\rho^2 + 0{,}041\rho^3)\,10^{-3} \quad . \end{aligned}$$

Durch Fortsetzung können dann weitere Funktionen $\beta_4, \beta_6, \ldots$ und $\gamma_6, \gamma_8, \ldots$ ermittelt werden. Wegen steigender Potenzen von k^2 konvergiert das Verfahren für $k < 1$ sehr schnell.
Auf diese Weise hat BROMBERG in [4] auch gelenkig gelagerte Platten mit unverschieblichen Rändern und fest eingespannte Platten behandelt. MANSFIELD [17] hat die Störungsrechnung auf rechteckige Platten angewendet.

3.3.2.5 Verfahren von GALERKIN

Zu einer näherungsweisen Lösung des Gleichungssystems von KÁRMÁN

$$\begin{aligned} \Delta\Delta F &= L_1(w) \\ \frac{D}{h}\Delta\Delta w &= L_2(w,F) + \frac{q}{h} \end{aligned} \tag{3.57}$$

wird der Ansatz

$$\tilde{F} = \sum_{i=1}^{n_1} a_i F_i \; ; \quad \tilde{w} = \sum_{k=1}^{n_2} c_k w_k \tag{3.58}$$

gemacht. Die Funktionen $F_i(x,y)$ $(i=1,2,\ldots,n_1)$, $w_k(x,y)$ $(k=1,2,\ldots,n_2)$ sind voneinander linear unabhängig und erfüllen die jeweiligen Randbedingungen. Die Koeffizienten a_i und c_k bleiben zunächst willkürlich. Wir setzen die Funktionen (3.58) in (3.57) ein und bestimmen die Koeffizienten a_i und c_k aus den Bedingungen

$$\begin{aligned} &\iint \left[\Delta\Delta\tilde{F} - L_1(\tilde{w})\right] F_i\,dxdy = 0 \qquad && i = 1,2,\ldots,n_1 \\ &\iint \left[\frac{D}{h}\Delta\Delta\tilde{w} - L_2(\tilde{w},\tilde{F}) - \frac{q}{h}\right] w_k\,dxdy = 0 \qquad && k = 1,2,\ldots,n_2 \quad . \end{aligned} \tag{3.59}$$

Diese Gleichungen sind die Orthogonalitätsbedingungen der in eckigen Klammern stehenden Ausdrücke und der Funktionen F_i bzw. w_k. Sie liefern ein System von (n_1+n_2) algebraischen Gleichungen zur Bestimmung der Koeffizienten a_i und c_k. Bei der Wahl der Funktionen F und w empfiehlt es sich, in (3.58) möglichst einfache, meist eingliedrige Ansätze zu machen, da sonst die Gleichungen (3.59) zu umständlich werden. Näheres darüber findet man bei KORNISHIN [14] und nähere Betrachtungen über die Methode selbst bei KANTOROVITSCH/KRYLOV [9] und bei VOLMIR [39]. KOLTUNOV [11] und KORNISHIN [12] haben diese Methode auf eine Reihe der Plattenprobleme angewendet.

3.3.2.6 RITZsches Verfahren

Der RITZsche Ansatz stellt eine oft verwendete Methode zur Näherungslösung der Plattenprobleme dar. Den Ausgangspunkt bildet jetzt nicht das Gleichungssystem (3.30), sondern das elastische Potential (3.35)

$$\Pi = U^{(i)} + \tilde{U}^{(i)} - A^{(a)} \tag{3.60}$$

mit

$$\begin{aligned} U^{(i)} = \frac{Eh}{2(1-\nu^2)} \iint \Bigg\{ & \left(\frac{\partial u}{\partial x}\right)^2 + \frac{\partial u}{\partial x}\left(\frac{\partial w}{\partial x}\right)^2 + \left(\frac{\partial v}{\partial y}\right)^2 + \frac{\partial v}{\partial y}\left(\frac{\partial w}{\partial y}\right)^2 + \frac{1}{4}\left[\left(\frac{\partial w}{\partial x}\right)^2 + \left(\frac{\partial w}{\partial y}\right)^2\right]^2 + \\ & + 2\nu\left[\frac{\partial u}{\partial x}\frac{\partial v}{\partial y} + \frac{1}{2}\frac{\partial v}{\partial y}\left(\frac{\partial w}{\partial x}\right)^2 + \frac{1}{2}\frac{\partial u}{\partial x}\left(\frac{\partial w}{\partial y}\right)^2\right] + \\ & + \frac{1-\nu}{2}\left[\left(\frac{\partial u}{\partial y}\right)^2 + 2\frac{\partial u}{\partial y}\frac{\partial v}{\partial x} + \left(\frac{\partial v}{\partial x}\right)^2 + 2\frac{\partial u}{\partial y}\frac{\partial w}{\partial x}\frac{\partial w}{\partial y} + 2\frac{\partial v}{\partial x}\frac{\partial w}{\partial x}\frac{\partial w}{\partial y}\right]\Bigg\}\, dxdy \end{aligned} \tag{3.61a}$$

$$\tilde{U}^{(i)} = \frac{D}{2}\iint \left\{ \left(\frac{\partial^2 w}{\partial x^2} + \frac{\partial^2 w}{\partial y^2}\right)^2 - 2(1-\nu)\left[\frac{\partial^2 w}{\partial x^2}\frac{\partial^2 w}{\partial y^2} - \left(\frac{\partial^2 w}{\partial x \partial y}\right)^2\right]\right\} dxdy \tag{3.61b}$$

und der Arbeit der äußeren Kräfte $A^{(a)}$. Die Energieanteile $U^{(i)}$ und $\tilde{U}^{(i)}$ folgen aus (3.36a) und (3.36b) durch Einsetzen der Verzerrungen nach (2.2) und den Krümmungen nach (2.4b).

Die Platte befindet sich im Gleichgewicht, wenn Π den Extremalwert erreicht, d.h. wenn die erste Variation von Π verschwindet

$$\delta\Pi = 0 \quad . \tag{3.62}$$

Zur näherungsweisen Bestimmung von u, v und w machen wir nach

RITZ den Ansatz

$$\begin{aligned} \tilde{u} &= \tilde{u}(x,y,\ a_1,\ \ldots,a_\ell) \\ \tilde{v} &= \tilde{v}(x,y,\ b_1,\ \ldots,b_m) \\ \tilde{w} &= \tilde{w}(x,y,\ c_1,\ \ldots,c_n) \quad , \end{aligned} \tag{3.63}$$

wobei die Näherungsfunktionen $\tilde{u}$, $\tilde{v}$ und $\tilde{w}$ die geometrischen Randbedingungen erfüllen müssen und von unbestimmten Koeffizienten $a_i (i=1,2,\ldots,\ell)$, $b_j (j=1,2,\ldots,m)$ und $c_k (k=1,2,\ldots,n)$ abhängen. Diese Koeffizienten bestimmen wir aus der Bedingung (3.62), aus der das nichtlineare Gleichungssystem von N Gleichungen $(N=\ell+m+n)$

$$\begin{matrix} \dfrac{\partial \Pi}{\partial a_i} = 0 & \dfrac{\partial \Pi}{\partial b_j} = 0 & \dfrac{\partial \Pi}{\partial c_k} = 0 \\ i = 1,2,\ldots,\ell & j = 1,2,\ldots,m & k = 1,2,\ldots,n \end{matrix} \tag{3.64}$$

folgt. Hinreichende Bedingung dafür, daß die Funktionen $\tilde{u}$, $\tilde{v}$, $\tilde{w}$ den Ausdruck $\tilde{\Pi}$ zum Minimum machen, ist, daß sie ein vollständiges Funktionensystem bilden. Näheres über diese Methode findet man bei KANTOROVITSCH/KRYLOV [9].

Als Beispiel betrachten wir nach WAY [38] eine fest eingespannte rechteckige Platte mit den Seitenlängen 2a und 2b. Das Koordinatensystem sei wie in Abb. 12 festgelegt. Die Arbeit der äußeren Kräfte ist jetzt

$$A^{(a)} = \iint q w \, dx \, dy \quad . \tag{3.65a}$$

Wir wählen die Verschiebungen $\tilde{u}$, $\tilde{v}$, $\tilde{w}$ in folgender Form

$$\begin{aligned} \tilde{u} &= (a^2-x^2)(b^2-y^2)x(b_{00}+b_{02}y^2+b_{20}x^2-b_{22}x^2y^2) \\ \tilde{v} &= (a^2-x^2)(b^2-y^2)y(c_{00}+c_{02}y^2+c_{20}x^2-c_{22}x^2y^2) \\ \tilde{w} &= (a^2-x^2)^2(b^2-y^2)^2(a_{00}+a_{02}y^2+a_{20}x^2) \quad . \end{aligned} \tag{3.65b}$$

Die Funktionen $\tilde{u}$, $\tilde{v}$, $\tilde{w}$ und die ersten Ableitungen von $\tilde{w}$ verschwinden auf dem Rande, d.h. sämtliche geometrischen Randbedingungen fest eingespannter Platten sind erfüllt. Nach Einsetzen von (3.65a-b) in (3.60) erhalten wir aus (3.64) ein nichtlineares Gleichungssystem von 11 Gleichungen mit 11 Unbekannten b_{00} bis a_{20} . Nach Auflösung dieses Systems sind die gesuchten Verschiebungsfunktionen gefunden.

3.3.2.7 Verfahren von KANTOROVITSCH

In den Methoden von GALERKIN bzw. von RITZ wurden Ansätze gemacht, in denen die Gestalt der Lösungsfunktionen festgelegt war. Lediglich die günstigsten Werte der in diesen Ansätzen auftretenden Koeffizienten konnten entweder aus (3.59) oder aus (3.64) bestimmt werden.

Bei dem Reduktionsverfahren von KANTOROVITSCH werden Produktansätze gemacht, die in ihrem Aufbau unbestimmte Funktionen einer Veränderlichen enthalten. Nach ihrem Einsetzen in (3.59) bzw. in (3.64) erhalten wir dann gewöhnliche Differentialgleichungen zur Bestimmung dieser Funktionen. Dadurch wird die Genauigkeit der Anpassung der Näherungslösung an die exakte Lösung erhöht, da jetzt nicht nur einzelne Koeffizienten, sondern ganze Funktionen ermittelt werden.

Als Beispiel betrachten wir nach RASDOLSKIJ [45] eine freigelagerte Rechteckplatte (vgl. Abschnitt 2.8, Lagerungsfall B). Sie habe die Seitenlängen a und b, der Koordinatenursprung sei in $x = y = 0$. Unter Berücksichtigung von (3.24b) und (3.28) lauten die Randbedingungen:

$$\begin{aligned} w = \frac{\partial^2 w}{\partial x^2} &= 0 \qquad \text{für} \quad x = 0 \quad \text{und} \quad x = a \\ w = \frac{\partial^2 w}{\partial y^2} &= 0 \qquad \text{für} \quad y = 0 \quad \text{und} \quad y = b \\ \frac{\partial^2 F}{\partial y^2} = \frac{\partial^2 F}{\partial x \partial y} &= 0 \qquad \text{für} \quad x = 0 \quad \text{und} \quad x = a \\ \frac{\partial^2 F}{\partial x^2} = \frac{\partial^2 F}{\partial x \partial y} &= 0 \qquad \text{für} \quad y = 0 \quad \text{und} \quad y = b \quad . \end{aligned} \tag{3.66}$$

Wir machen nun für die Durchbiegung w und die Spannungsfunktion F die Produktansätze

$$\tilde{w} = \sum_{k=1}^{n} f_k(x)\, g_k(y) \qquad \tilde{F} = \sum_{\ell=1}^{n} \varphi_\ell(x)\, \psi_\ell(y) \quad . \tag{3.67}$$

Die Funktionen f_k und ψ_ℓ sind freigewählte Funktionen, die die entsprechenden Randbedingungen erfüllen sollen. Zur Vereinfachung der Rechnung ist es sinnvoll, für sie möglichst einfache, d.h. eingliedrige Ansätze zu machen, z.B. für unsere Platte

$$f_k(x) = f(x) = \sin\frac{\pi x}{a}$$

und

$$\psi_\ell(y) = \psi(y) = 1 - \cos\frac{2\pi y}{b} \quad . \tag{3.68}$$

Die Funktion f(x) erfüllt die Randbedingungen (3.66) für $x = 0$, $x = a$ und $\psi(y)$ für $y = 0$, $y = b$.
Die Ansätze für $\tilde{w}$ und $\tilde{F}$ lauten demnach

$$\tilde{w} = \sin\frac{\pi x}{a} g(y)$$

$$\tilde{F} = (1-\cos\frac{2\pi y}{b})\varphi(x) \quad . \tag{3.69}$$

Mit ihnen erhalten wir aus den GALERKINschen Gleichungen (3.59) nach Integration zwei gewöhnliche Differentialgleichungen zur Bestimmung der unbekannten Funktionen g(y) und $\varphi(x)$. Nach Auflösung werden die Funktionen g(y) und $\varphi(x)$ an die restlichen Randbedingungen (3.66) angepaßt. Dieses Beispiel hat RASDOLSKIJ in der erwähnten Arbeit [45] ausführlich behandelt. Näheres über das Verfahren selbst findet der Leser z.B. bei KANTOROVITSCH/KRYLOV [9].

3.3.2.8 Verfahren von RITZ/PAPKOVITSCH

Es wird hier zunächst ein Ansatz für w in der Form

$$w = \sum_{k=1}^{n} c_k w_k \tag{3.70}$$

gemacht. Wir setzen diesen Ausdruck in die rechte Seite der ersten Gleichung (3.30), und finden nach Integration die Funktion F, die unter Berücksichtigung ihrer Randbedingungen bestimmt wird. Anschließend setzen wir w und F in das elastische Potential Π

nach (3.35), das mit (3.37b), (3.36b) und (2.4b) die Form

$$\Pi = \frac{1}{2Eh}\iint\left\{\left(\frac{\partial^2 F}{\partial x^2}+\frac{\partial^2 F}{\partial y^2}\right)^2 - 2(1+\nu)\left[\frac{\partial^2 F}{\partial x^2}\frac{\partial^2 F}{\partial y^2}-\left(\frac{\partial^2 F}{\partial x\partial y}\right)^2\right]\right\} dxdy \, +$$

$$+ \frac{D}{2}\iint\left\{\left(\frac{\partial^2 w}{\partial x^2}+\frac{\partial^2 w}{\partial y^2}\right)^2 - 2(1-\nu)\left[\frac{\partial^2 w}{\partial x^2}\frac{\partial^2 w}{\partial y^2}-\left(\frac{\partial^2 w}{\partial x\partial y}\right)^2\right]\right\} dxdy - A^{(a)}$$

annimmt und eine Funktion der noch zu bestimmenden Koeffizienten c_k $(k=1,2,\ldots,n)$ ist. Die Arbeit $A^{(a)}$ der äußeren Kräfte für eine als Beispiel gewählte Platte beliebiger Umrißform mit unverschieblichem Rand ist

$$A^{(a)} = \iint q w dxdy \quad .$$

Aus der Bedingung (3.62) für das Extremum von Π erhalten wir damit n Bestimmungsgleichungen für c_k

$$\frac{\partial \Pi}{\partial c_k} = 0 \qquad k=1,2,\ldots,n \quad .$$

Näheres darüber findet der Leser z.B. bei KORNISHIN [14] und bei VOLMIR [39] .

3.3.2.9 Methode der schrittweisen Näherungen

Diese Methode dient der näherungsweisen Bestimmung von F und w aus dem Gleichungssystem (3.30), wenn die Lösungen des zugehörigen linearisierten Problems

$$\Delta\Delta F_1 = 0$$

$$D\Delta\Delta w_1 = q$$

bekannt sind. Die Lösungsfunktionen F_1 und w_1 bilden die ersten Näherungen. Sie werden in die rechten Seiten von (3.30) eingesetzt. Auf den linken Seiten von (3.30) erscheinen dann die zweiten Näherungen F_2 und w_2:

$$\Delta\Delta F_2 = L_1(w_1)$$

$$\frac{D}{h}\,\Delta\Delta w_2 = \frac{q}{h} + L_2(F_1, w_1) \quad .$$

Durch wiederholte Durchführung der angegebenen Schritte können dann weitere Näherungen gewonnen werden, vgl. dazu VOLMIR [39]. Eine abgewandelte Methode der schrittweisen Näherungen hat NADAI [16] auf gleichmäßig belastete fest eingespannte Kreisplatten angewendet (vgl. dazu auch TIMOSHENKO [33] S. 402).

4. Endliche Durchbiegungen runder Platten

In einem Spezialfall runder, rotationssymmetrisch belasteter Platten werden die Berechnungen wesentlich vereinfacht, da sämtliche dynamischen und geometrischen Größen Funktionen nur einer Variablen, des Radius r sind, die Probleme werden also eindimensional. Bei Biegung im elastischen Materialbereich tritt nur die geometrische Nichtlinearität infolge endlicher Durchbiegungen auf. Bei Biegung im plastischen Materialbereich tritt zusätzlich die physikalische Nichtlinearität auf, da der Werkstoff oberhalb der Fließgrenze dem HOOKEschen Gesetz nicht mehr gehorcht. Wir betrachten zunächst den Fall der Biegung von Kreisplatten, in dem beide Nichtlinearitäten auftreten.

4.1 Anwendung der Energiemethode auf Biegung von Kreisplatten im elasto-plastischen Materialbereich bei endlichen Durchbiegungen

4.1.1 Einleitung

Dieser Fall ist geometrisch und physikalisch nichtlinear. Wir beschränken uns auf runde gleichmäßig belastete Platten, die entweder fest eingespannt oder gelenkig gelagert sein können. Für sie wollen wir nach OHASHI und MURAKAMI [25] eine Lösungsmethode zur Bestimmung der Schnittlasten und den Verzerrungen angeben, die auf der Energiemethode basiert. Die Lösung wird unter Verwendung der HUBER-MISES-Fließbedingung und des HENCKYschen Materialgesetzes für ein idealplastisches Material gewonnen. Die Ausdrücke für die Spannungen und Verzerrungen werden in der Darstellungsweise von SOKOLOVSKIJ [31] verwendet.

4.1.2 Grundgleichungen

Wir betrachten eine gleichmäßig belastete Kreisplatte der Stärke $h = 2H$ mit dem Radius a, die sich im elasto-plastischen Zustand befindet. Die auftretenden Membrankräfte haben zufolge, daß die plastizierten Bereiche nicht symmetrisch bezüglich der Mittelebene liegen.

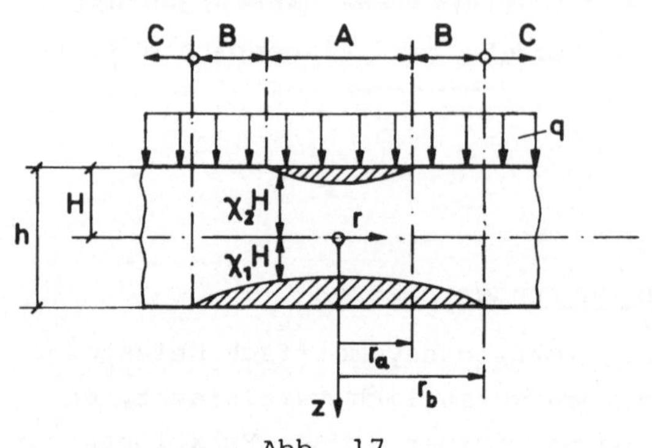

Abb. 17

Nach Abb. 17 wird die Platte in verschiedene Bereiche entlang des Radius r unterteilt:

A - beiderseitig elasto-plastischer Bereich

B - einseitig elasto-plastischer Bereich

C - elastischer Bereich.

Die Gleichgewichtsbedingungen (2.25) lauten

$$dN_r/dr = (N_t - N_r)/r$$
$$dM_r/dr = (M_t - M_r)/r - N_r(dw/dr) - \frac{1}{r}\int_0^r q\tilde{r}d\tilde{r} \quad . \qquad (4.1)$$

Die Verzerrungen sind nach (2.10) und (2.10a)

$$\varepsilon_r = e_r + zk_r \; ; \quad \varepsilon_t = e_t + zk_t \qquad (4.2)$$

mit den Mittelflächenverzerrungen nach (2.7) und (2.8)

$$e_r = (du/dr) + (dw/dr)^2/2 \; ; \quad e_t = u/r \qquad (4.3a)$$

und mit den Krümmungsparametern

$$k_r = - \kappa_r = - d\alpha/dr = - dw^2/dr^2$$
$$k_t = - \kappa_t = - \alpha/r = - (dw/dr)/r \qquad (4.3b)$$

(vgl. (2.9)). Die Gleichungen (4.3a) und (4.3b) liefern folgende Kompatibilitätsbedingungen

$$\left.\begin{aligned} &(de_t/dr) + (e_t - e_r)/r + rk_t^2/2 = 0 \\ &(dk_t/dr) + (k_t - k_r)/r = 0 \quad . \end{aligned}\right\} \qquad (4.4)$$

Mit (4.2) folgen aus dem HOOKEschen Gesetz die Spannungen im elastischen Bereich

$$\sigma_r = \frac{2G}{1-\nu}\left[(e_r+\nu e_t) + z(k_r+\nu k_t)\right]$$

$$\sigma_t = \frac{2G}{1-\nu}\left[(e_t+\nu e_r) + z(k_t+\nu k_r)\right]$$

(G-Schubmodul, ν-Querkontraktionszahl). Die Vergleichsspannung σ_v für den ebenen Hauptspannungszustand ist analog zu der HUBER-MISES-Fließbedingung (2.28)

$$\sigma_v = (\sigma_r^2-\sigma_r\sigma_t+\sigma_t^2)^{1/2} \quad .$$

Unter Benutzung der Darstellungsart von SOKOLOVSKIJ [31] für die Hauptkrümmungsparameter

$$\left.\begin{matrix} k_r \\ k_t \end{matrix}\right\} = \mp A_o \frac{\sin(\psi_o \mp \mu)}{\cos\mu} \tag{4.5}$$

und für die Mittelflächenverzerrungen

$$\left.\begin{matrix} e_r \\ e_t \end{matrix}\right\} = \mp A_1 \frac{\sin(\psi_1 \mp \mu)}{\cos\mu} \quad , \tag{4.6}$$

wobei

$$\mu = \text{arc tan}\left[\sqrt{3}(1-\nu)/(1+\nu)\right] \tag{4.6a}$$

ist, erhalten wir für σ_v nach einigen Umformungen

$$\sigma_v = 2\sqrt{3}G\left[A_o^2z^2 + 2A_oA_1z\cos(\psi_1-\psi_o) + A_1{}^2\right]^{1/2} \quad . \tag{4.7}$$

Damit folgt die Vergleichsdehnung ε_v

$$\varepsilon_v = \sigma_v/3G = (2/\sqrt{3})\left[A_o^2z^2 + 2A_oA_1z\cos(\psi_1-\psi_o) + A_1{}^2\right]^{1/2} \quad . \tag{4.8}$$

Wir untersuchen jetzt die einzelnen Plattenbereiche:

a) beiderseitig elasto-plastischer Bereich ($0 \leqslant r \leqslant r_a$)

Wir bezeichnen mit $\zeta = \chi H$ die elasto-plastische Grenze und erhalten mit der HUBER-MISES-Fließbedingung $\sigma_v = \sigma_F$ (σ_F - die Fließspannung) aus (4.7) folgende Bestimmungsgleichung für χ:

$$\chi^2 + 2\chi\alpha\cos(\psi_1-\psi_o) + \alpha^2 = (\sigma_F/2\sqrt{3}GHA_o)^2 \tag{4.9}$$

$$\text{mit} \quad \alpha = A_1/HA_o \quad . \tag{4.9a}$$

Zwischen den Wurzeln χ_1 und χ_2 dieser Gleichung besteht die Beziehung

$$\chi_1 + \chi_2 = -\ 2\alpha\cos(\psi_1-\psi_o) \quad . \tag{4.10}$$

Aus (4.9) folgt für A_o

$$A_o = \sigma_F/2\sqrt{3}GHF(\chi) \tag{4.11}$$

$$\text{mit} \quad F(\chi) = \left[\chi^2 + 2\chi\alpha\cos(\psi_1-\psi_o) + \alpha^2\right]^{1/2} \quad . \tag{4.11a}$$

Die Größe A_1 ist nach (4.9a)

$$A_1 = \alpha\sigma_F/2\sqrt{3}GF(\chi) \quad . \tag{4.12}$$

Im plastischen Materialbereich ist wegen der Inkompressibilität $\nu = 1/2$, d.h. $\mu = \pi/6$. Die Gleichungen (4.5), (4.6) und (4.8) gehen dann in folgende Relationen über:

$$\left.\begin{matrix} k_r \\ k_t \end{matrix}\right\} = \mp \frac{2\bar{A}_o}{\sqrt{3}}\sin(\omega_o \mp \frac{\pi}{6}) \tag{4.13}$$

$$\left.\begin{matrix} e_r \\ e_t \end{matrix}\right\} = \mp \frac{2\bar{A}_1}{\sqrt{3}}\sin(\omega_1 \mp \frac{\pi}{6}) \tag{4.14}$$

$$\varepsilon_V = (2/\sqrt{3})\left[\bar{A}_o{}^2 z^2 + 2\bar{A}_o\bar{A}_1 z\cos(\omega_1-\omega_o) + \bar{A}_1{}^2\right]^{1/2} \quad . \tag{4.15}$$

Der Werkstoff ist idealplastisch, d.h. im plastischen Materialbereich bleibt die Vergleichsspannung $\sigma_V = \sigma_F$ konstant. Folglich bekommen wir aus $\sigma_F = 3G\varepsilon_V$ an der Grenze $z=\zeta=\chi H$ die Beziehung

$$2\sqrt{3}GH\bar{A}_o\left[\chi^2 + 2\chi\alpha_1\cos(\omega_1-\omega_o) + \alpha_1{}^2\right]^{1/2} = \sigma_F \tag{4.16}$$

$$\text{mit} \quad \alpha_1 = \bar{A}_1/H\bar{A}_o \quad . \tag{4.16a}$$

Die Konstanten $\bar{A}_o$, $\bar{A}_1$ in (4.13) und (4.14) sind demnach

$$\begin{aligned} \bar{A}_o &= \sigma_F/2\sqrt{3}GH\bar{F}(\chi) \\ \bar{A}_1 &= \sigma_F\alpha_1/2\sqrt{3}G\bar{F}(\chi) \end{aligned} \tag{4.17}$$

$$\text{mit} \quad \bar{F}(\chi) = \left[\chi^2 + 2\chi\alpha_1\cos(\omega_1-\omega_o) + \alpha_1{}^2\right]^{1/2} \quad . \tag{4.17a}$$

Aus den Gleichungen (4.5), (4.6) und (4.13), (4.14) folgen die Beziehungen zwischen den gesuchten Größen ψ_o und ω_o, ψ_1 und ω_1,

α und α_1:

$$\begin{aligned} \tan\psi_o &= \sqrt{3}\tan\mu\tan\omega_o \\ \tan\psi_1 &= \sqrt{3}\tan\mu\tan\omega_1 \\ \alpha &= \alpha_1 \frac{\sin(\psi_o-\mu)\sin(\omega_1-\pi/6)}{\sin(\psi_1-\mu)\sin(\omega_o-\pi/6)} \quad . \end{aligned} \tag{4.18}$$

Zur Bestimmung von Membrankräften N_r, N_t und den Biegemomenten M_r, M_t berechnen wir zunächst die Energie der Platte. Im elastischen Materialbereich setzt sich die Verzerrungsenergie W_e aus der Volumenenergie A_v und der Gestaltänderungsenergie A_g zusammen und hat die Form

$$W_e = A_v + A_g = \int_{\chi_2 H}^{\chi_1 H} \left[3(1-2\nu)\sigma_m^2/4G(1+\nu) + 3G\varepsilon_v^2/2\right] dz \tag{4.19}$$

mit der mittleren Spannung σ_m im elastischen Bereich. Im plastischen Bereich bleibt die Volumendilatationsenergie wegen der Inkompressibilität des Werkstoffes konstant und behält den Wert, den sie am Ende der elastischen Deformation erreicht hat. Die gesamte Energie im plastischen Bereich kann dann unter Verwendung des HENCKYschen Gesetzes in der Form

$$W_p = \int_{-H}^{\chi_2 H} (\sigma_F\varepsilon_v + \text{const})\,dz + \int_{\chi_1 H}^{H} (\sigma_F\varepsilon_v + \text{const})\,dz \tag{4.20}$$

dargestellt werden. Die Schnittlasten folgen dann aus den Grundbeziehungen

$$\begin{aligned} N_r &= \frac{\partial W}{\partial e_r} \; ; \quad N_t = \frac{\partial W}{\partial e_t} \\ M_r &= \frac{\partial W}{\partial k_r} \; ; \quad M_t = \frac{\partial W}{\partial k_t} \quad , \end{aligned} \tag{4.21}$$

wobei $W = W_e + W_p$ die gesamte Energie der Platte (pro Flächeneinheit) ist. Die Schnittlasten erscheinen in der Form

$$\begin{aligned} N_r &= N_r(\chi_1,\chi_2,\psi_0,\psi_1,\omega_0,\omega_1,\alpha,\alpha_1) \\ N_t &= N_t(\chi_1,\chi_2,\psi_0,\psi_1,\omega_0,\omega_1,\alpha,\alpha_1) \\ M_r &= M_r(\chi_1,\chi_2,\psi_0,\psi_1,\omega_0,\omega_1,\alpha,\alpha_1) \\ M_t &= M_t(\chi_1,\chi_2,\psi_0,\psi_1,\omega_0,\omega_1,\alpha,\alpha_1) \quad . \end{aligned} \tag{4.22}$$

Die radiale Verschiebung u, der Biegewinkel (dw/dr) und die Verzerrungen lassen sich aus

$$u = \frac{\sigma_F}{2\sqrt{3}G} \frac{\alpha r}{F(\chi_1)} \frac{\sin(\psi_1+\mu)}{\cos\mu} \tag{4.23}$$

$$\frac{dw}{dr} = - \frac{\sigma_F}{2\sqrt{3}GH} \frac{r}{F(\chi_1)} \frac{\sin(\psi_0+\mu)}{\cos\mu} \tag{4.24}$$

$$\left.\begin{array}{l}\varepsilon_r\\ \varepsilon_t\end{array}\right\} = \mp \frac{\sigma_F}{2\sqrt{3}GHF(\chi_1)\cos\mu}\left[H\alpha\sin(\psi_1\mp\mu) + z\sin(\psi_0\mp\mu)\right] \tag{4.25}$$

berechnen. Diese Gleichungen folgen aus (4.2), (4.3a-b), (4.5), (4.6), (4.11) und (4.12). Die Größen χ_1, α_1, ω_0, ω_1 erhalten wir aus einem Differentialgleichungssystem, das nach Einsetzen von (4.22) und (4.24) in (4.1) und (4.5), (4.6), (4.11) und (4.12) in (4.4) unter Berücksichtigung von (4.10), (4.18) entsteht und die Form

$$a_{i1}\chi_1' + a_{i2}\alpha_1' + a_{i3}\omega_0' + a_{i4}\omega_1' = b_i \qquad (i=1,2,3,4) \tag{4.26}$$

hat, wobei Striche die Ableitungen nach dem reduzierten Radius $R = r/H$ bedeuten. Die Koeffizienten a_{i1} bis a_{i4} und b_i (i=1,2,3,4) hängen im allgemeinen von den Größen χ_1, χ_2, ψ_0, ψ_1, ω_0, ω_1, α, α_1, der Fließspannung σ_F und der Last q ab. Diese Gleichungen und die Ausdrücke für N_r, N_t, M_r, M_t findet der Leser ausführlich in [25].

Die Relationen für den einseitig elasto-plastischen Bereich $r_a \leqslant r \leqslant r_b$ erhalten wir aus den bisherigen Gleichungen durch Einsetzen von $\chi_2 = -1$.

b) rein elastischer Bereich

Wir setzen die Vergleichsspannung $(\sigma_V)_H$ an der Oberfläche der Platte in Beziehung zur Fließspannung σ_F durch Einführen einer neuen Variablen s ($0 \leqslant s \leqslant 1$) mit Hilfe der Gleichung

$$(\sigma_V)_H = s\sigma_F \quad .$$

Dann folgt für die Konstanten A_0 und A_1 statt (4.11) und (4.12)

$$\left.\begin{array}{l} A_0 = s\sigma_F/2\sqrt{3}GHF(1) \\ A_1 = s\sigma_F\alpha/2\sqrt{3}GF(1) \end{array}\right\} \tag{4.27}$$

$$\text{mit} \quad F(1) = \left[1 + 2\alpha\cos(\psi_1-\psi_0) + \alpha^2\right]^{1/2} \quad . \tag{4.28}$$

Die Energie der Platte ist

$$W_e = \int_{-H}^{+H} \left[3(1-2\nu)\sigma_m^2/4G(1+\nu) + 3G\varepsilon_v^2/2\right] dz \quad , \qquad (4.29)$$

was zusammen mit (4.21) die Schnittlasten

$$\left.\begin{matrix} N_r \\ N_t \end{matrix}\right\} = \frac{4}{\sqrt{3}} \frac{s\sigma_F \alpha H}{F(1)} \cos(\psi_1 \pm \pi/6)$$

$$\left.\begin{matrix} M_r \\ M_t \end{matrix}\right\} = \frac{4}{3\sqrt{3}} \frac{s\sigma_F H^2}{F(1)} \cos(\psi_o \pm \pi/6) \qquad (4.30)$$

ergibt. Aus (4.2), (4.3a-b), (4.5), (4.6), (4.27) und (4.28) folgen die geometrischen Größen

$$u = \frac{s\sigma_F}{2\sqrt{3}G} \frac{\alpha r}{F(1)} \frac{\sin(\psi_1+\mu)}{\cos\mu} \qquad (4.31)$$

$$\frac{dw}{dr} = - \frac{s\sigma_F}{2\sqrt{3}GH} \frac{r}{F(1)} \frac{\sin(\psi_o+\mu)}{\cos\mu} \qquad (4.32)$$

$$\left.\begin{matrix} \varepsilon_r \\ \varepsilon_t \end{matrix}\right\} = \mp \frac{s\sigma_F}{2\sqrt{3}GHF(1)\cos\mu} \left[H\alpha\sin(\psi_1 \mp \mu) + z\sin(\psi_o \mp \mu)\right] \quad . \qquad (4.33)$$

Analog zu den Betrachtungen im elasto-plastischen Bereich erhalten wir auch hier vier simultane nichtlineare gewöhnliche Differentialgleichungen bezüglich s, α, ψ_o und ψ_1

$$a_{i1}s' + a_{i2}\alpha' + a_{i3}\psi_o' + a_{i4}\psi_1' = b_i \qquad (i=1,2,3,4) \quad , \qquad (4.34)$$

wobei Striche die Ableitungen nach dem reduzierten Radius $R = r/H$ bedeuten.

4.1.3 Numerische Auswertung

Den numerischen Lösungsweg erörtern wir anhand eines Beispiels einer gleichmäßig belasteten, fest eingespannten Platte, für die die Fließspannung σ_F und die Materialkonstanten G und ν vorgegeben sind. Die Plattenstärke sei $h = 2H$ und der Radius a. Die Randbedingungen verlangen, daß $u(a) = 0$, $\frac{dw}{dr}(a) = 0$ sind. Wir setzen voraus, daß in der Platte schon ein bestimmter Plastizierungszustand erreicht ist, der durch die Größe χ_{1_o} charakterisiert ist. Gesucht sind α_{1_0} in der Plattenmitte und die zugehörige Last q, die diesen Zustand hervorruft.

Wir nehmen zuerst an, α_{1_0} und q seien auch gegeben. In der Plattenmitte verschwinden die Größen ω_0 und ω_1, d.h. nach (4.18) auch die Größen ψ_0 und ψ_1. Aus (4.18) kann α und aus (4.10) die Größe χ_{2_0} berechnet werden. Aus dem Gleichungssystem (4.26) folgen dann auf numerischem Wege unter Verwendung z.B. des RUNGE-KUTTA-GILL-Verfahrens die Größen χ_1', α_1', ω_0', ω_1', mit deren Hilfe die neuen Größen χ_1, α_1, ω_0, ω_1 für einen neuen Radius $(r + \Delta r)$ berechnet werden können. Wird im Laufe der Berechnung $\chi_2 = -1$ (für $r=r_a$), so ist folglich in dem Gleichungssystem (4.26) für $r > r_a$ $\chi_2 = -1$ einzusetzen. Wird schließlich (für $r=r_b$) $\chi_1 = 1$, so führen wir die weiteren Berechnungen mit Hilfe des Systems (4.34) für den rein elastischen Zustand durch, bis wir für den immer größer werdenden Radius r eventuell wieder auf einen einseitig plastizierten Plattenbereich bzw. auf einen beiderseitig plastizierten Plattenbereich stoßen. Dann ist (4.34) durch (4.26) zu ersetzen. Dadurch ist die Kontinuität an den Grenzen zwischen verschiedenen Bereichen automatisch gewährleistet. Die zugehörigen geometrischen Größen berechnen wir aus (4.23) bis (4.25) bzw. (4.31) bis (4.33). Die Rechnung wird bis $r = a$ fortgesetzt. Für den Außenradius $r = a$ sind dann u(a) und $\frac{dw}{dr}(a)$ ermittelt, die i.a. verschieden von Null sein werden. Die passende Wahl der Ausgangsgröße α_{1_0} und der Last q, die bei einer beliebig vorgegebenen Größe χ_1 die Randbedingungen $u(a) = 0$ und $\frac{dw}{dr}(a) = 0$ erfüllen, erfolgt mit Hilfe der "Doppelprobiermethode" (double trial method).

Auf diese Weise haben OHASHI und MURAKAMI gleichmäßig belastete Platten aus idealplastischem Werkstoff bei endlichen Durchbiegungen für verschiedene Randbedingungen untersucht, und zwar:

a) fest eingespannte Platten in [25]
b) gelenkig gelagerte Platten in [26]
c) gelenkig gelagerte Platten mit einem Loch in der Mitte in [27] (zusammen mit ENDO).

In [22] haben OHASHI und KAMIYA eine freigelagerte gleichmäßig belastete Kreisplatte für einen nichtlinearen Werkstoff bei endlichen Durchbiegungen untersucht. Die Lösungen für kleine plastische Durchbiegungen runder Platten wurden von OHASHI und MURAKAMI in [23] und [24] angegeben.

4.1.4 Experimentelle Untersuchung

Die Abbildungen 18 und 19 zeigen die Abhängigkeit zwischen der Last q und der Durchbiegung w der Plattenmitte für fest eingespannte und freigelagerte Platten bei endlichen Durchbiegungen.

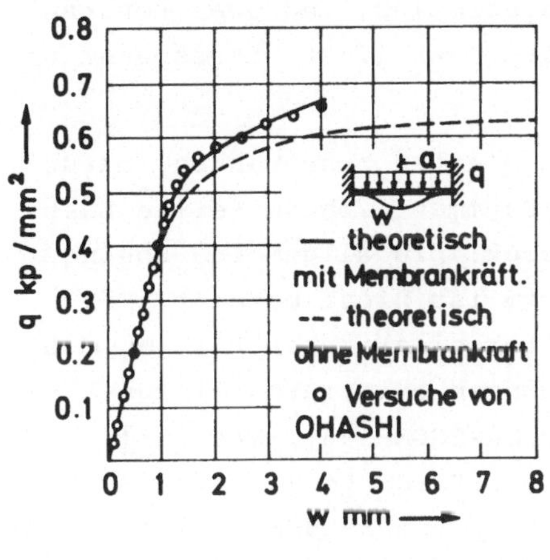

Abb. 18

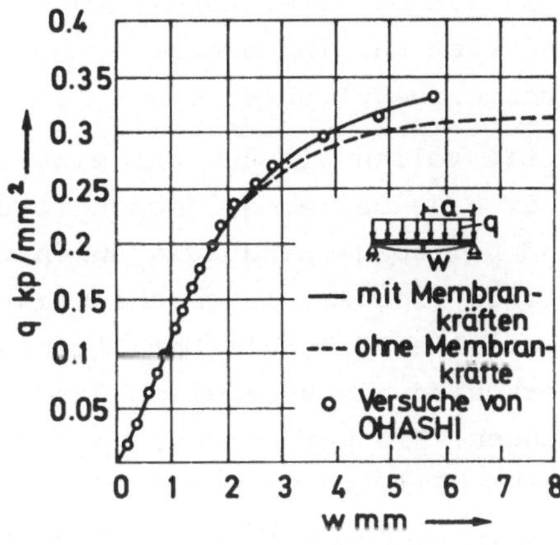

Abb. 19

Die Versuchsplatten haben folgende Daten: a = 125 mm, h = 10 mm, den Elastizitätsmodul $E = 20480$ kp/mm^2, die Querkontraktionszahl $\nu = 0{,}28$ und die Fließspannung $\sigma_F = 34{,}6$ kp/mm^2. Die theoretischen Ergebnisse stimmen mit den experimentell ermittelten Durchbiegungen gut überein. Aus den Abbildungen wird der zunehmende Einfluß der Membrankräfte bei fortschreitender Last ersichtlich. Die Abb. 20 zeigt das Fortschreiten der plastischen Zonen einer fest eingespannten Platte bei zunehmender Belastung q für verschiedene Anfangsparameter χ_{1_0}. Die ausführliche Beschreibung der Versuchsmethoden zur experimentellen Ermittlung der Durchbiegungen, der Verzerrungen und der plastizierten Zonen der Versuchsplatten findet man in den erwähnten Arbeiten von OHASHI/MURAKAMI [25] und [26].

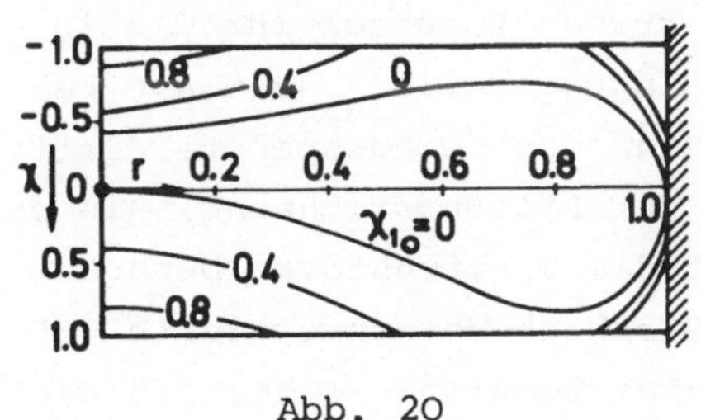

Abb. 20

4.2 Ein numerisches Verfahren für beliebig eingespannte rotationssymmetrisch belastete elastische Kreisplatten

4.2.1 Einführung

Im vorigen Abschnitt haben wir das Verhalten runder Platten im plastischen Materialbereich unter spezieller, und zwar konstanter Last und für spezielle Randbedingungen (fest eingespannt und freigelagert) untersucht.

Jetzt wollen wir uns auf elastische Platten beschränken, dafür aber eine beliebig, jedoch rotationssymmetrisch verteilte Last und beliebige Randbedingungen zulassen. Die allgemeine Lösung dieses Problems in geschlossener Form ist nicht bekannt. Für spezielle Fälle gleichmäßig belasteter elastischer Platten mit verschiedenen speziellen Randbedingungen existieren einige Lösungen. Sie wurden u.a. von FEDERHOFER/EGGER [3], WAY [37], CHIEN [51], [52], BROMBERG [4], KELLER/REISS [40], WEINITSCHKE [41], ARCHER [46], KORNISHIN [13], [14] und SRUBSHSCHIK/IUDOVICH [42] angegeben. Dabei wurden entweder das Gleichungssystem (3.27a-b) oder die KÁRMÁNschen Gleichungen (3.30) mit (3.30b) verwendet. Die Arbeiten von WEINITSCHKE und ARCHER befassen sich zwar mit Rotationsschalen, der Spezialfall runder Platten ist in ihnen jedoch enthalten. Einen Überblick über die bei Kreisplatten oft verwendeten Lösungsmethoden: die Störungsrechnung, die Reihenansätze und asymptotische Lösungsmethoden liefert die Arbeit von BROMBERG [4]. Den Ausgangspunkt bildet dort das Gleichungssystem (3.30) von KÁRMÁN. Es wurden Lösungen für die in Abschnitt 2.8 aufgeführten Randbedingungsfälle A, B und C gefunden. CHIEN behandelte in [51] dünne fest eingespannte Platten unter gleichmäßiger Last mit Hilfe der Störungsrechnung. Als den kleinen Parameter wählte er die auf die Plattenstärke bezogene Durchbiegung W_m der Plattenmitte. Die Methode konvergierte gut für $0 \leqslant W_m < 2$. In [52] hat er unter Benutzung einer früheren Lösung von HENCKY mit Hilfe eines passenden Ansatzes für die Biegefläche, der die Korrektur des Randfehlereffektes berücksichtigt, asymptotische Lösungen angegeben, die auch für $W_m \to \infty$ existieren. KELLER/REISS [40] haben unter Anwendung der GREENschen Funktion mit Hilfe einer Interpolationsmethode Lösungen für gleichmäßig belastete Kreisplatten erhalten. Die Randbedingungen waren mit denen bei BROMBERG angegebenen identisch. FEDERHOFER/EGGER [3] bzw. WAY [37] haben die Lösungen für freigelagerte bzw. für festeingespannte gleichmäßig belastete Platten mit Hilfe von Reihenansätzen angegeben. Die beiden Fälle sind in der Arbeit von WEINITSCHKE [41] enthalten, der die Methode von WAY auf die Rotationsschalen unter gleichmäßiger Normallast erweitert hat. Die Arbeit von ARCHER [46] befaßt sich mit den fest eingespannten Rotationsschalen unter gleichmäßiger Last und mit den freigelagerten Rotationsschalen mit einer Einzellast in der Mitte. In den mit Hilfe der Differenzenrechnung gewonnenen Lösungen sind die entsprechend gelagerte und belastete Platten als Spezialfälle enthalten.

Im folgenden wollen wir eine einfache Methode zur Bestimmung des gesamten Verschiebungsfeldes und der Schnittlasten für beliebige Randbedingungen und beliebige rotationssymmetrische Belastungen angeben. Die Lösung wird durch numerische Integration der Plattengleichungen (3.27a-b) mit Hilfe des RUNGE-KUTTA-NYSTROEM-Differenzenverfahrens gewonnen. Die Anpassung der Lösung an die vorgegebenen Randbedingungen erfolgt mit Hilfe der Methode der sog. "Schwerpunktkoordinaten". Sie entspricht der zweidimensionalen "regula falsi". Die Ergebnisse werden mit der speziellen, als Beispiel gewählten oben erwähnten Lösung von WAY [37] verglichen und experimentell bestätigt. Anschließend untersuchen wir den Einfluß der elastischen Einspannung und der Lastverteilung auf die Plattenbiegung.

4.2.2 Der Lösungsweg

Wir betrachten eine runde Platte mit dem Radius a und der Stärke h. An ihrem Rande seien zwei Größen m und n vorgegeben. Die Größe m kann nach Abb. 21 entweder der Biegewinkel α_R oder das radiale Biegemoment M_{r_R} oder das Verhältnis dieser Größen sein.

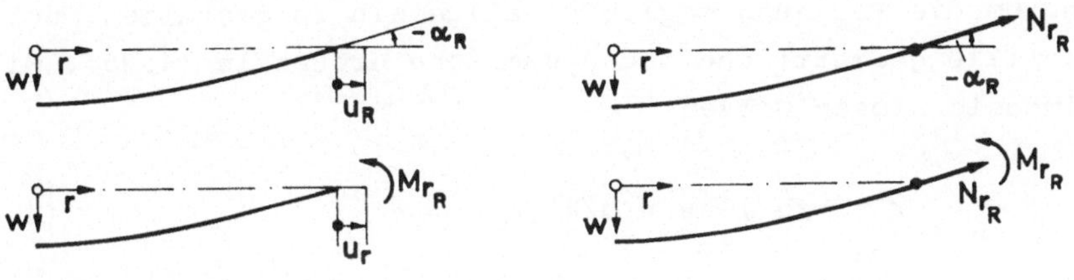

Abb. 21

Die Größe n ist entweder die Randverschiebung u_R oder die radiale Normalkraft am Rande N_{r_R} oder das Verhältnis dieser Größen. Unsere Aufgabe besteht darin, für vorgegebene Randbedingungen und beliebige rotationssymmetrische Belastungen das gesamte Verschiebungsfeld und die Schnittlasten anzugeben.

Die Biegung elastischer runder Platten bei endlichen Durchbiegungen wird durch das Gleichungssystem beschrieben, das wir aus (3.27a-b) mit dem Biegewinkel $\alpha = dw/dr$ und der Verschiebung u der Mittelebene zu

$$\begin{aligned} \frac{d^2u}{dr^2} &= -\frac{1}{r}\frac{du}{dr} + \frac{u}{r^2} - \frac{1-\nu}{2r}\alpha^2 - \alpha\frac{d\alpha}{dr} \\ \frac{d^2\alpha}{dr^2} &= -\frac{1}{r}\frac{d\alpha}{dr} + \frac{\alpha}{r^2} + \frac{12}{h^2}\alpha\left(\frac{du}{dr} + \nu\frac{u}{r} + \frac{\alpha^2}{2}\right) + \frac{1}{Dr}\int_0^r qr\,dr \end{aligned} \tag{4.35}$$

erhalten. Unser Problem ist demnach ein reines Verzerrungsproblem. Das gesamte Verzerrungsfeld ist durch die Verschiebung u der Mittelebene und den Biegewinkel α eindeutig bestimmt. Die Größen u und α hängen nur vom Radius r ab. Die Schnittlasten (pro Längeneinheit) als Funktionen der Verschiebungen erhalten wir mit $D = Eh^3/12(1-\nu^2)$ aus (3.26)

$$\begin{aligned} N_r &= Eh\left(\frac{du}{dr} + \frac{1}{2}\alpha^2 + \nu\frac{u}{r}\right)/(1-\nu^2) \\ N_t &= Eh\left(\frac{u}{r} + \nu\frac{du}{dr} + \frac{\nu}{2}\alpha^2\right)/(1-\nu^2) \\ M_r &= -D\left(\frac{d\alpha}{dr} + \frac{\nu}{r}\alpha\right) = -Eh^3\left(\frac{d\alpha}{dr} + \frac{\nu}{r}\alpha\right)/12(1-\nu^2) \\ M_t &= -D\left(\frac{\alpha}{r} + \nu\frac{d\alpha}{dr}\right) = -Eh^3\left(\frac{\alpha}{r} + \nu\frac{d\alpha}{dr}\right)/12(1-\nu^2) \quad . \end{aligned} \tag{4.36}$$

Die Bestimmung von u und α für beliebige Einspannungen und Belastungen werden wir durch numerische Integration von (4.35) durchführen. Um die Rechnung möglichst allgemein zu gestalten, normieren wir alle geometrische und dynamische Größen in (4.35). Mit den dimensionslosen Größen

$$\bar{r} = r/h\ , \quad \bar{u} = u/h\ , \quad \bar{\alpha} = \alpha \tag{4.37}$$

erhalten wir $q(r) = q(\bar{r}h) = \bar{q}(\bar{r})$, sowie die Relationen

$$\frac{d\alpha}{dr} = \frac{d\bar{\alpha}}{d(\bar{r}h)} = \frac{1}{h}\frac{d\bar{\alpha}}{d\bar{r}} = \frac{\bar{\alpha}'}{h}$$

$$\frac{d^2\alpha}{dr^2} = \frac{d^2\bar{\alpha}}{d(\bar{r}h)^2} = \frac{1}{h^2}\frac{d^2\bar{\alpha}}{d\bar{r}^2} = \frac{\bar{\alpha}''}{h^2}$$

$$\frac{du}{dr} = \frac{d(\bar{u}h)}{d(\bar{r}h)} = \frac{d\bar{u}}{d\bar{r}} = \bar{u}' \tag{4.38}$$

$$\frac{d^2u}{dr^2} = \frac{d^2(\bar{u}h)}{d(\bar{r}h)^2} = \frac{1}{h}\frac{d^2\bar{u}}{d\bar{r}^2} = \frac{\bar{u}''}{h} ,$$

wobei Striche Ableitungen nach dem bezogenen Radius $\bar{r} = r/h$ bedeuten. Damit folgt aus (4.35) das Gleichungssystem

$$\bar{u}'' = -\bar{u}'/\bar{r} + \bar{u}/\bar{r}^2 - (1-\nu)\bar{\alpha}^2/2\bar{r} - \bar{\alpha}\bar{\alpha}'$$

$$\bar{\alpha}'' = -\bar{\alpha}'/\bar{r} + \bar{\alpha}/\bar{r}^2 + 12\bar{\alpha}(\bar{u}'+\nu\bar{u}/\bar{r}+\bar{\alpha}^2/2) + \frac{12(1-\nu^2)}{E\bar{r}}\int_0^{\bar{r}}\bar{q}(\bar{r})\bar{r}d\bar{r} \quad . \tag{4.39}$$

Die zugehörigen bezogenen dimensionslosen Schnittlasten erhalten wir aus (4.36) zu

$$\bar{N}_r = N_r/Eh = (\bar{u}'+\bar{\alpha}^2/2+\nu\bar{u}/\bar{r})/(1-\nu^2)$$

$$\bar{N}_t = N_t/Eh = (\bar{u}/\bar{r}+\nu\bar{u}'+\nu\bar{\alpha}^2/2)/(1-\nu^2)$$

$$\bar{M}_r = M_r/Eh^2 = -(\bar{\alpha}'+\nu\bar{\alpha}/\bar{r})/12(1-\nu^2) \tag{4.40}$$

$$\bar{M}_t = M_t/Eh^2 = -(\bar{\alpha}/\bar{r}+\nu\bar{\alpha}')/12(1-\nu^2) \quad .$$

Im Mittelpunkt der Platte für $\bar{r} = 0$ werden die Gleichungen (4.39) und (4.40) singulär, so daß wir diesen Fall gesondert betrachten müssen. Aus (4.40) folgen unter Verwendung der L'HOSPITALschen Regel die Schnittlasten im Mittelpunkt (mit dem Index "o" gekennzeichnet)

$$\bar{N}_{r_o} = \bar{u}_o'/(1-\nu) = \bar{N}_{t_o}$$

$$\bar{M}_{r_o} = -\bar{\alpha}_o'/12(1-\nu) = \bar{M}_{t_o} \qquad (\text{für } \bar{r} = 0) \quad . \tag{4.41}$$

Nach der Durchführung des Grenzüberganges $\bar{r} \to 0$, $\bar{u} \to 0$ und $\bar{\alpha} \to 0$ in (4.39) stellen wir fest, daß im Mittelpunkt der Platte die Funktionen u und α die EULERschen Differentialgleichungen

$$\bar{u}'' + \bar{u}'/\bar{r} - \bar{u}/\bar{r}^2 = 0$$

$$\bar{\alpha}'' + \bar{\alpha}'/\bar{r} - \bar{\alpha}/\bar{r}^2 = 0$$

erfüllen müssen. Die nichtsingulären Lösungen für $\bar{u}$ und $\bar{\alpha}$ lauten demnach

$$\bar{u} = c_1\bar{r} \; ; \quad \bar{\alpha} = c_2\bar{r} \; ,$$

woraus sich die Relationen

$$\left.\begin{array}{l} \bar{u}_0 = 0 \; ; \quad \bar{u}_0' = c_1 \; ; \quad \bar{u}_0'' = 0 \\ \bar{\alpha}_0 = 0 \; ; \quad \bar{\alpha}_0' = c_2 \; ; \quad \bar{\alpha}_0'' = 0 \end{array}\right. \quad \text{für} \quad \bar{r} = 0 \qquad (4.42)$$

ergeben. Die Anfangskrümmung $\bar{\kappa}_0 = \bar{\alpha}_0' = c_2$ und die Anfangsdehnung $\bar{e}_0 = \bar{u}_0' = c_1$ der Mittelebene sind also frei wählbar, die Werte $\bar{u}_0$ und $\bar{\alpha}_0$ müssen wegen der Rotationssymmetrie verschwinden, die Größen $\bar{u}_0''$ und $\bar{\alpha}_0''$ sind im Plattenmittelpunkt gleich Null zu setzen.

Das gesamte Verschiebungsfeld $\bar{u}$ und $\bar{\alpha}$ ist demnach von zwei Anfangsparametern $\bar{\alpha}_0'$ und $\bar{u}_0'$ abhängig; denn für ein vorgegebenes Wertepaar $(\bar{\alpha}_0', \bar{u}_0')$ können wir das Gleichungssystem (4.39) mit Hilfe z.B. des RUNGE-KUTTA-NYSTROEM-Verfahrens [47] numerisch integrieren und die Größen $\bar{\alpha}_i$, $\bar{\alpha}_i'$, $\bar{u}_i$, $\bar{u}_i'$ für $i = 1,2,\ldots,i_R$ (R - Plattenrandpunkt) berechnen. Im Plattenmittelpunkt ist dabei das Gleichungssystem (4.39) durch die Relationen (4.42) zu ersetzen. Anschließend können wir aus (4.40) bzw. (4.41) die Schnittlasten bestimmen. Damit sind also auch die Verschiebung $\bar{u}_R$, der Biegewinkel $\bar{\alpha}_R$ und die Schnittlasten $\bar{M}_{r_R}$, $\bar{M}_{t_R}$, $\bar{N}_{r_R}$, $\bar{N}_{t_R}$ auf dem Plattenrand bekannt. Einem Wertepaar $\bar{\kappa}_0$, $\bar{e}_0$ entsprechen dann die Größen $\bar{m}$ = (entweder $\bar{\alpha}_R$ oder $\bar{M}_{r_R}$) und $\bar{n}$ = (entweder $\bar{u}_R$ oder $\bar{N}_{r_R}$). Normalerweise sind aber die Größen $\bar{m} = \bar{m}_g$ und $\bar{n} = \bar{n}_g$ vorgegeben und $\bar{\kappa}_0$, $\bar{e}_0$ gesucht.

Unsere Aufgabe besteht darin, $\bar{\kappa}_0$ und $\bar{e}_0$ so zu bestimmen, daß auf dem Rande die vorgegebenen Werte $\bar{m}_g$ und $\bar{n}_g$ erfüllt sind. Dazu fassen wir die Größen $\bar{\kappa}_0$, $\bar{e}_0$ zu einem Vektor $\vec{x} = \{\bar{\kappa}_0, \bar{e}_0\}$ und die Größen $\varphi = \bar{m} - \bar{m}_g$ und $\psi = \bar{n} - \bar{n}_g$ zu einem Vektor $\vec{y} = \{\varphi, \psi\}$ zusammen. Jedem beliebigen Vektor $\vec{x}$ ist also ein Vektor $\vec{y}$

$$\vec{y} = F(\vec{x}) \qquad (4.43)$$

zugeordnet. Die Umkehrung dieser Gleichung ergibt

$$\vec{x} = F^{-1}(\vec{y}) \qquad (4.43a)$$

Die Vorschrift F besteht im wesentlichen aus der numerischen Lösung des Gleichungssystems (4.39) mit Hilfe des RUNGE-KUTTA-NYSTROEM-Verfahrens. Gesucht ist ein Vektor $\vec{x} = \vec{x}_0$, für den $\vec{y} = \vec{0}$ ein Nullvektor wird. Da die Vorschrift F^{-1} unbekannt ist,

ist es nicht möglich, den gesuchten Vektor $\vec{x}_0$ aus der Umkehrung der Gleichung (4.43) zu gewinnen. Zur Lösung werden wir daher die Methode der Schwerpunktkoordinaten anwenden, die der zweidimensionalen "Regula falsi" entspricht. Wir berechnen aus einer groben Näherungsrechnung eines verwandten Problems den Vektor $\vec{x}_1 = \{\bar{\kappa}_{o_1}, \bar{e}_{o_1}\}$ und wählen in seiner Umgebung zwei weitere Vektoren $\vec{x}_2 = \{\bar{\kappa}_{o2}, \bar{e}_{o2}\}$ und $\vec{x}_3 = \{\bar{\kappa}_{o3}, \bar{e}_{o3}\}$ (Abb. 22). Die drei

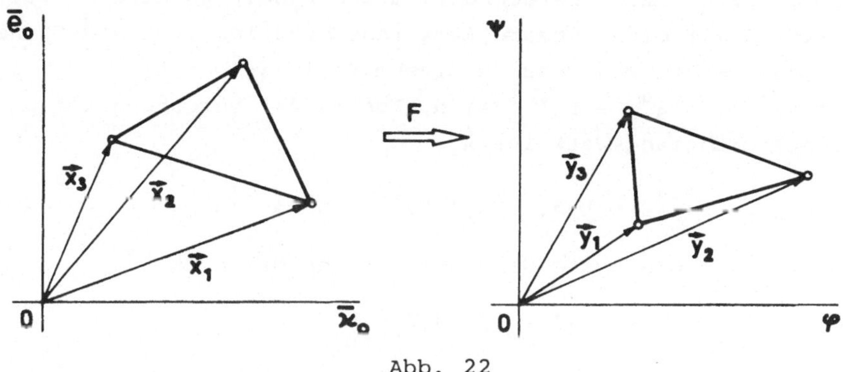

Abb. 22

Vektoren spannen eine Ebene $(\bar{\kappa}_o, \bar{e}_o)$ auf, die durch die Gleichung

$$\vec{x} = \vec{x}_1 + t_1(\vec{x}_2 - \vec{x}_1) + t_2(\vec{x}_3 - \vec{x}_1)$$

beschrieben wird. Nach der Umformung erhalten wir

$$\vec{x} = \vec{x}_1(1 - t_1 - t_2) + t_1\vec{x}_2 + t_2\vec{x}_3 \quad ,$$

oder nach Umbenennung der Faktoren

$$\vec{x} = \alpha_1\vec{x}_1 + \alpha_2\vec{x}_2 + \alpha_3\vec{x}_3 \quad \text{mit} \quad \alpha_1 + \alpha_2 + \alpha_3 = 1 \quad . \tag{4.44}$$

Deuten wir z.B. die Faktoren α_1, α_2, α_3 als Gewichtsanteile des gesamten Gewichtes 1, so bestimmt der Vektor $\vec{x}$ ihren Schwerpunkt. Mit Hilfe der bekannten Vorschrift F berechnen wir die Vektoren $\vec{y}_1 = \{\varphi_1, \psi_1\}$, $\vec{y}_2 = \{\varphi_2, \psi_2\}$, $\vec{y}_3 = \{\varphi_3, \psi_3\}$, die ihrerseits die Ebene (φ, ψ) mit der Gleichung

$$\vec{y} = \beta_1\vec{y}_1 + \beta_2\vec{y}_2 + \beta_3\vec{y}_3$$

aufspannen. Dabei gilt die Beziehung

$$\beta_1 + \beta_2 + \beta_3 = 1 \quad .$$

Wir suchen in der $\vec{y}$-Ebene den Nullpunkt $\vec{y}_o = \{0,0\}$. Die dazugehörigen Koeffizienten $\beta_1^{(o)}$, $\beta_2^{(o)}$ und $\beta_3^{(o)}$ erhalten wir aus dem

Gleichungssystem

$$
\begin{aligned}
0 &= \beta_1^{(0)}\varphi_1 + \beta_2^{(0)}\varphi_2 + \beta_3^{(0)}\varphi_3 \\
0 &= \beta_1^{(0)}\psi_1 + \beta_2^{(0)}\psi_2 + \beta_3^{(0)}\psi_3 \\
1 &= \beta_1^{(0)} + \beta_2^{(0)} + \beta_3^{(0)} \quad .
\end{aligned}
\tag{4.45}
$$

Da die Vorschrift F^{-1} unbekannt ist, können wir den zugehörigen Vektor $\vec{x}_0$ nicht exakt berechnen. Um ihn näherungsweise zu bestimmen, führen wir eine lineare Rücktransformation in die $\vec{x}$-Ebene durch. Man weist nach, daß in diesem Fall $\alpha_1^{(0)} = \beta_1^{(0)}$, $\alpha_2^{(0)} = \beta_2^{(0)}$, $\alpha_3^{(0)} = \beta_3^{(0)}$ sind. Aus (4.44) berechnen wir damit den ersten Näherungswert für $\vec{x}_0$

$$(\vec{x}_0)_1 = \beta_1^{(0)}\vec{x}_1 + \beta_2^{(0)}\vec{x}_2 + \beta_3^{(0)}\vec{x}_3 \tag{4.46}$$

und aus (4.43) die erste Näherung für den Nullpunkt $\vec{y}_0$

$$(\vec{y}_0)_1 = F\left[(\vec{x}_0)_1\right] \quad .$$

Wir tauschen jetzt den Punkt $(\vec{y}_0)_1$ gegen diesen der drei Punkte $\vec{y}_1$, $\vec{y}_2$, $\vec{y}_3$, der den größten Betrag, d.h. den größten Abstand vom Nullpunkt hat und wiederholen das Verfahren, d.h. bestimmen nacheinander die neuen Koeffizienten $\beta_1^{(0)}$, $\beta_2^{(0)}$, $\beta_3^{(0)}$ aus (4.45), den nächsten Näherungswert $(\vec{x}_0)_2$ analog zu (4.46) und die nächste Näherung $(\vec{y}_0)_2$ aus (4.43). Diesen Zyklus wiederholen wir solange, bis

$$|(\vec{y}_0)_i| < \delta$$

wird, wobei δ die gewünschte Genauigkeit ist. Der zugehörige Vektor

$$(\vec{x}_0)_i = \{\bar{\kappa}_{0_i}, \bar{e}_{0_i}\}$$

ist dann der Lösungsvektor.

Mit dem so gefundenen Wertepaar $(\bar{\kappa}_{0_i}, \bar{e}_{0_i})$ erhalten wir anschließend aus (3.39) die Verschiebungen und aus (4.40) bzw. (4.41) die Schnittlasten für die gegebene Platte als Funktion des Radius $\bar{r}$. Die Ergebnisse der auf diese Weise durchgeführten numerischen Berechnungen werden anschließend aufgeführt und diskutiert. Die Berechnungen wurden im Rechenzentrum der Technischen Universität Berlin auf dem ICT-Computer durchgeführt. Das Programm wurde in ALGOL geschrieben.

Der allgemeine Beweis für die Konvergenz des Verfahrens der "Schwerpunktkoordinaten" ist nicht bekannt. Die numerischen Berechnungen ergaben jedoch, daß es in unserem Fall schnell konvergiert. Für das Erreichen der relativen Genauigkeit von der Größenordnung 10^{-3} waren im Schnitt etwa 3 bis 5 Austauschpunkte notwendig.

4.2.3 Vergleich mit den vorhandenen Lösungen und mit den Versuchsergebnissen

Wir wollen die im vorigen Abschnitt entwickelte Methode anhand einer speziellen in der Literatur angegebenen Lösung überprüfen. Die Abb. 23 zeigt die Ergebnisse der numerischen Berechnungen

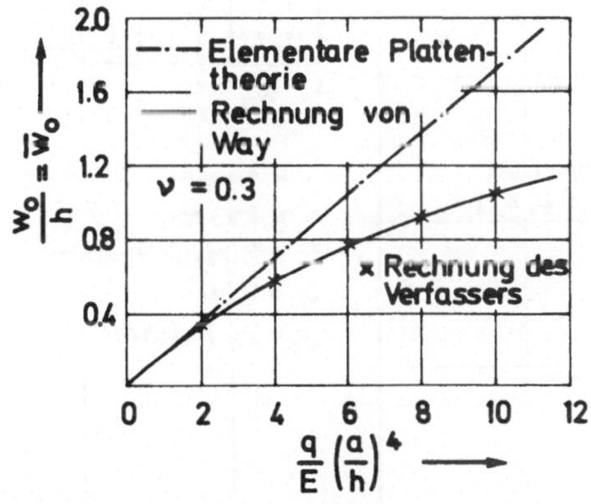

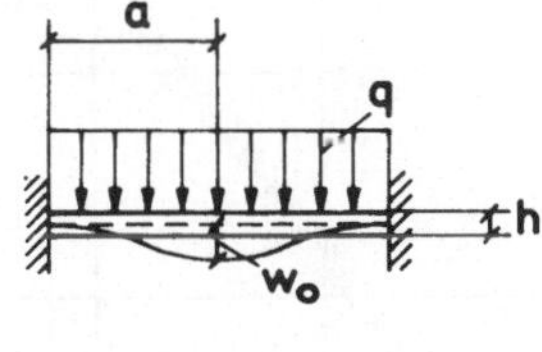

Abb. 23

der Last-Durchbiegungskurven der Plattenmitte für gleichmäßig belastete fest eingespannte Kreisplatten nach WAY [37]. Die Ergebnisse des Verfassers für die gleichen Platten stimmen im Rahmen der numerischen Genauigkeit mit den bekannten Ergebnissen überein. Die numerischen Ergebnisse wurden auch durch die vom Verfasser durchgeführten Experimente nachgeprüft und bestätigt. Es wurden vier fest eingespannte, gleichmäßig belastete Platten mit dem Radius $a = 78$ mm und der Stärke 1,93 mm untersucht. Aus vier Dehnungsproben wurden für den Plattenwerkstoff R-St 37 der Elastizitätsmodul $E = 20400\ kp/mm^2$, die Fließspannung $\sigma_F = 24\ kp/mm^2$ und die Querkontraktionszahl $\nu = 0{,}26$ ermittelt.

In der Abb. 24 sind die theoretisch und experimentell ermittelten Last-Durchbiegungskurven in der Plattenmitte aufgetragen.

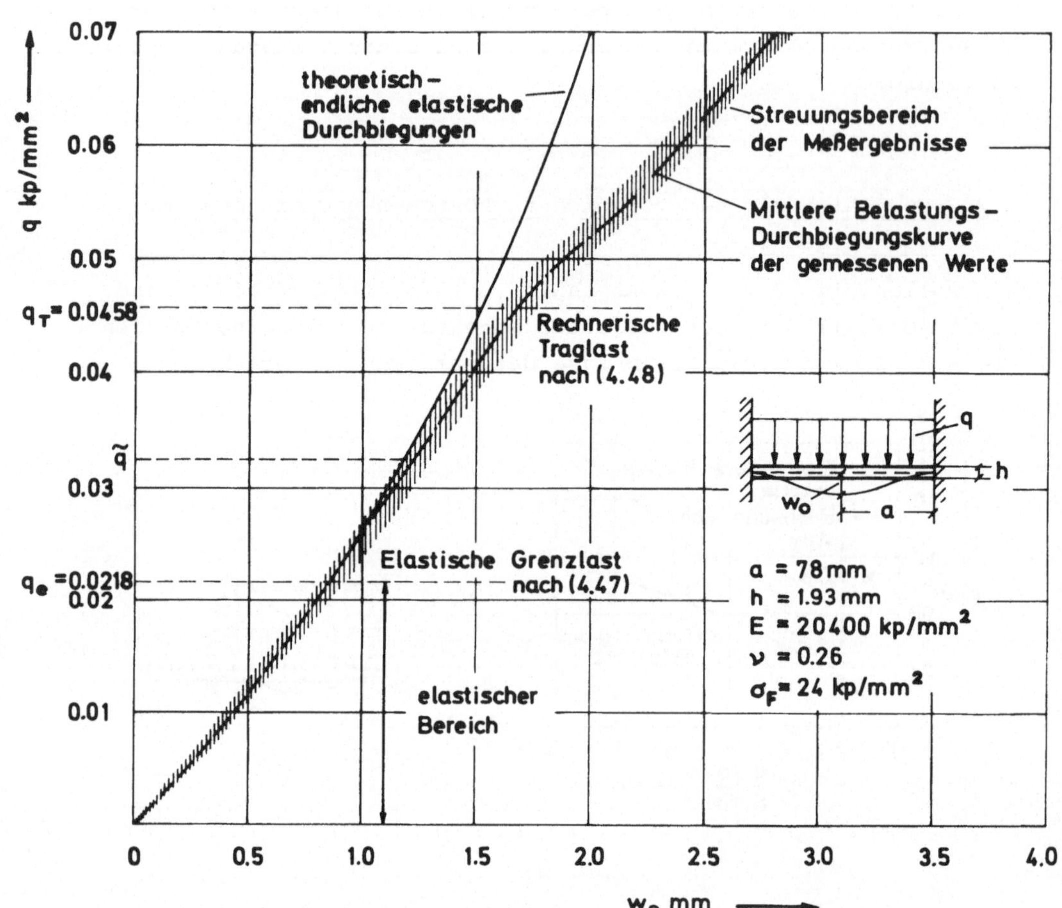

Abb. 24

Sie stimmen nicht nur im elastischen Materialbereich, d.h. unterhalb der elastischen Grenzlast q_e gut überein. Auch nach Überschreiten von q_e bis zu etwa $\tilde{q} \approx 1{,}5\ q_e$ stellen wir nur eine geringe Abweichung der experimentellen und rechnerischen Ergebnisse fest. Dieser Sachverhalt ist durch zunächst geringen Anteil der plastischen Energie an der gesamten in der Platte gespeicherten Energie zu erklären. Die elastische Grenzlast wurde mit Hilfe der MISESschen Fließsbedingung (2.28) für den ebenen

Hauptspannungszustand ermittelt. Bei fest eingespannten Platten tritt das Fließen zuerst am Plattenrand auf. Mit den Randspannungen $\sigma_x = \sigma_r = 3qa^2/4h^2$, $\sigma_y = \sigma_t = 3\nu qa^2/4h^2$, $\tau_{xy} = 0$ (vgl. z.B. RECKLING [28] S. 299) erhalten wir aus (2.28) für die elastische Grenzlast $q = q_e$

$$q_e = \frac{4}{3}\left(\frac{h}{a}\right)^2 (1-\nu+\nu^2)^{-1/2} \sigma_F \quad . \tag{4.47}$$

Mit $\sigma_F = 24$ kp/mm² ; $a/h = 40{,}4$ und $\nu = 0{,}26$ folgt dann

$$q_e = 0{,}0218 \text{ kp/mm}^2 \quad .$$

Diesen Wert können wir in unserem Beispiel als eine brauchbare Näherung für die elastische Grenzlast benutzen, da der Einfluß der Membranspannungen auf die Biegung für unsere Durchbiegungsverhältnisse ($w_0/h \approx 0{,}5$) immer noch relativ gering ist - vgl. dazu [19] und [33].

In der Abb. 24 wurde zum Vergleich auch die rechnerische Traglast q_T eingetragen, die nach der elementaren Traglasttheorie

$$q_T = 2{,}34(1-\nu+\nu^2)^{1/2} q_e \tag{4.48}$$

ist (vgl. RECKLING [28] S. 303). Mit $\nu = 0{,}26$ und $q_e = 0{,}0218$ kp/mm² folgt dann

$$q_T = 0{,}0458 \text{ kp/mm}^2 \quad .$$

Die experimentellen Ergebnisse zeigen, daß die Traglasttheorie auf die aus zähen Werkstoffen hergestellten Platten nur begrenzt anwendbar ist und lediglich als Kriterium für den Beginn der größeren bleibenden Verformungen dienen kann. Beim Erreichen der Last q_T stellen wir zwar einen leichten Knick der Last-Durchbiegungskurve fest, die eigentliche Tragfähigkeit der Platte ist jedoch noch lange nicht erschöpft. Die Versuchsplatten z.B. versagten gänzlich erst bei $q_{max} \approx 10\ q_T$. Elastisch dimensionierte Platten haben demnach noch wesentliche Tragfähigkeitsreserven.

4.2.4 Einfluß der elastischen Einspannung und der Lastverteilung auf die Plattenbiegung

Die im Abschnitt 4.2.2 angegebene Methode ermöglicht es uns, den Einfluß der elastischen Einspannung auf die Plattenbiegung zu untersuchen. Um ihn zu demonstrieren, betrachten wir eine als Beispiel gewählte gleichmäßig belastete Kreisplatte mit dem bezogenen Radius $a/h = 20$ und unverschieblichem Rand $(u_R=0)$. Am Rande der Platte werden verschiedene Winkel α_R vorgegeben. In den Abb. 25a bis 25e sind die Durchbiegungen und die Schnittlasten als Funktionen des bezogenen Radius r/h aufgetragen. Die Ergebnisse zeigen eine starke Abhängigkeit der geometrischen und dynamischen Größen von der Größe der elastischen Einspannung. Das Verhältnis der maximalen Durchbiegung w_M bei vollständiger Winkelnachgiebigkeit $(M_{r_R}=0)$ zu der maximalen Durchbiegung w_o bei fester Einspannung $(\alpha_R=0)$ beträgt in unserem Fall nach Abb. 25a $w_M/w_o = 1,66$. Die Abhängigkeit der Momente M_r und M_t, die am Rande sehr ausgeprägt ist, verringert sich jedoch stark bis zur Mitte der Platte.

Die Abb. 26a bis 26e zeigen den Einfluß der Lastverteilung auf die Plattenbiegung. Eine fest eingespannte Platte $(u_R=0, \alpha_R=0)$ wird mit einer konstanten Gesamtlast

$$Q = q_o \pi b^2$$

belastet. Die Last Q wird gleichmäßig über einen Kreis mit dem Radius b verteilt. In den Abb. 26a bis 26e sind die Durchbiegung und die Schnittlasten für eine als Beispiel gewählte Platte, die mit der konstanten, auf den Plattenradius a bezogenen Last

$$\overline{q} = Q/\pi a^2 = 0,25 \text{ kp/mm}^2$$

belastet ist, aufgetragen. Es zeigt sich hier das starke Anwachsen dieser Größen in dem mittleren Bereich der Platte mit zunehmender Konzentration der gesamten Last Q auf eine immer kleiner werdende Fläche πb^2. Der Abb. 26a entnehmen wir z.B. das Verhältnis der Durchbiegungen $w_{0,25}$ für $b/a = 0,25$ und w_1 für $b/a = 1$. Es ist $w_{0,25}/w_1 = 2,69$, während vergleichsweise beim Balken im Fall der kleinen Durchbiegungen $w_{0,25_B}/w_{1_B} = 1,89$ ist.

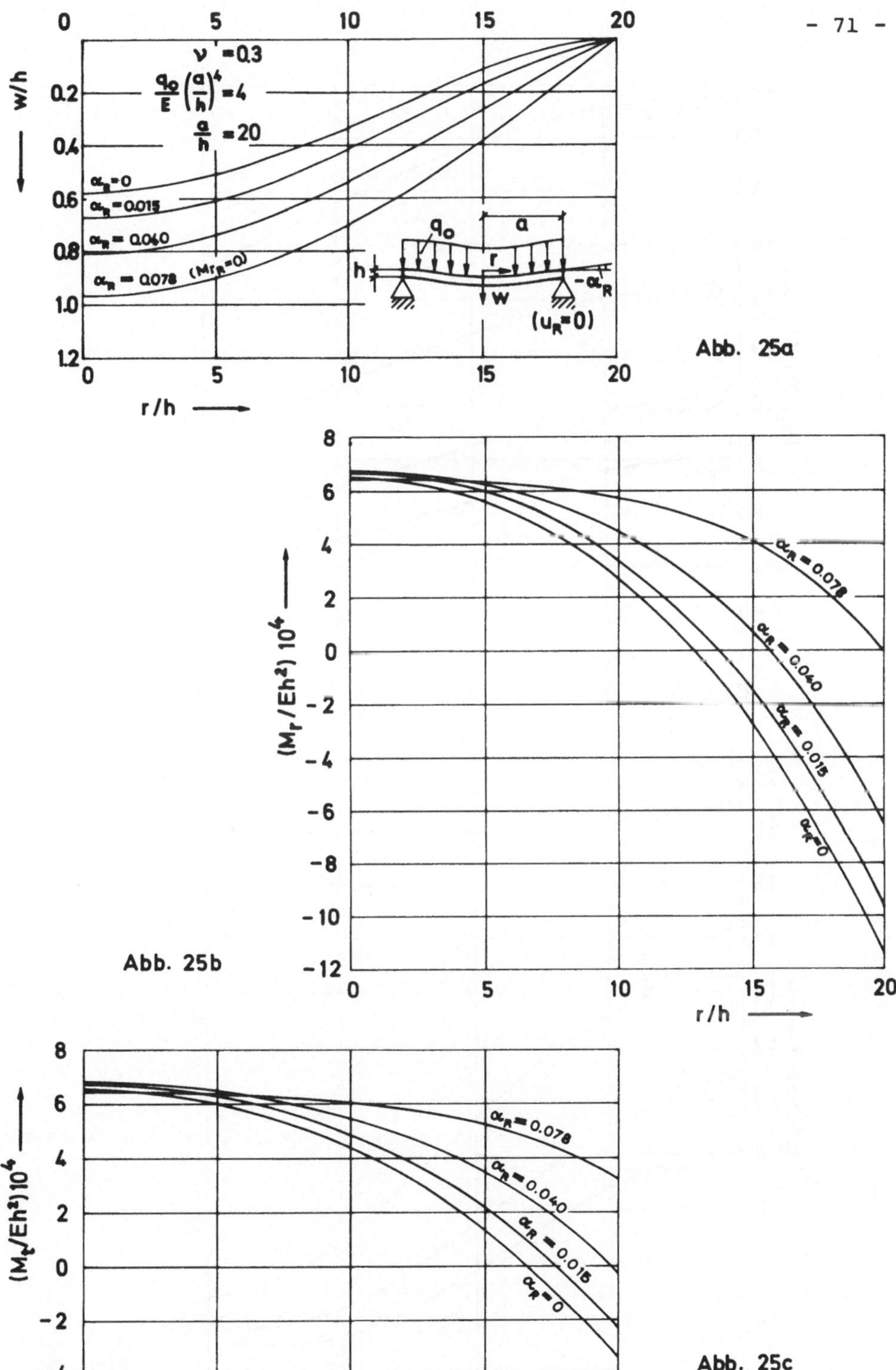

Abb. 25a

Abb. 25b

Abb. 25c

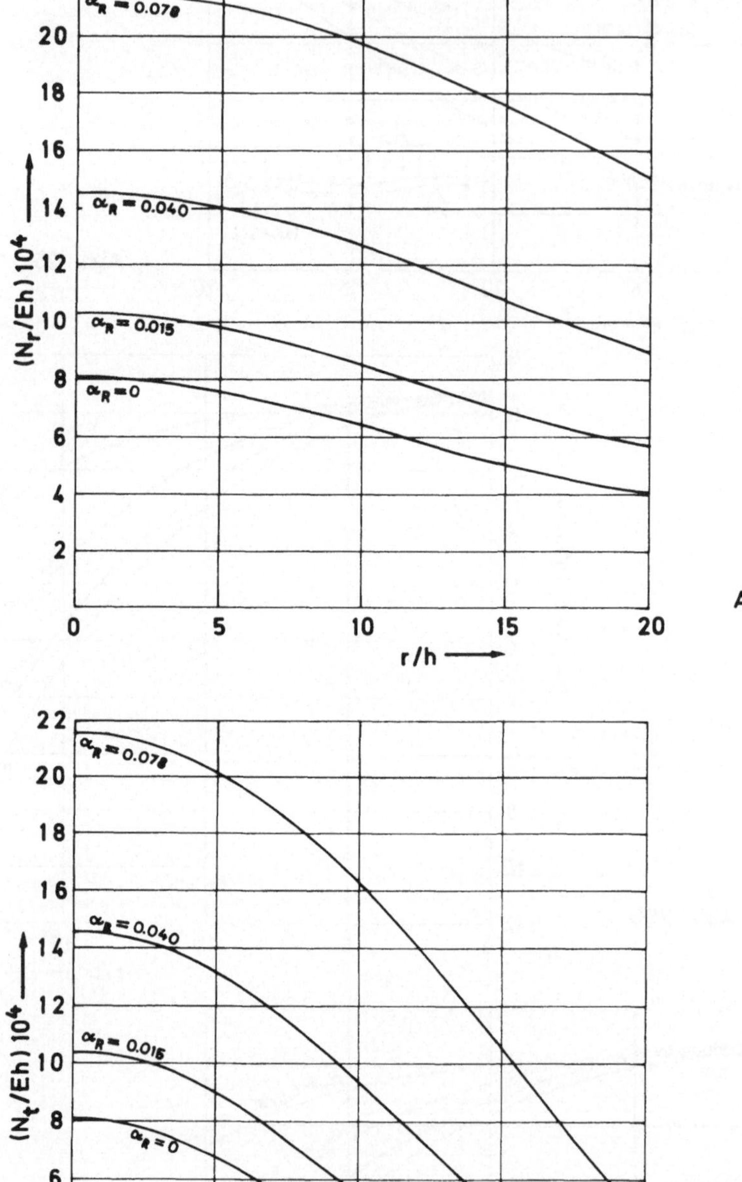

Abb. 25d

Abb. 25e

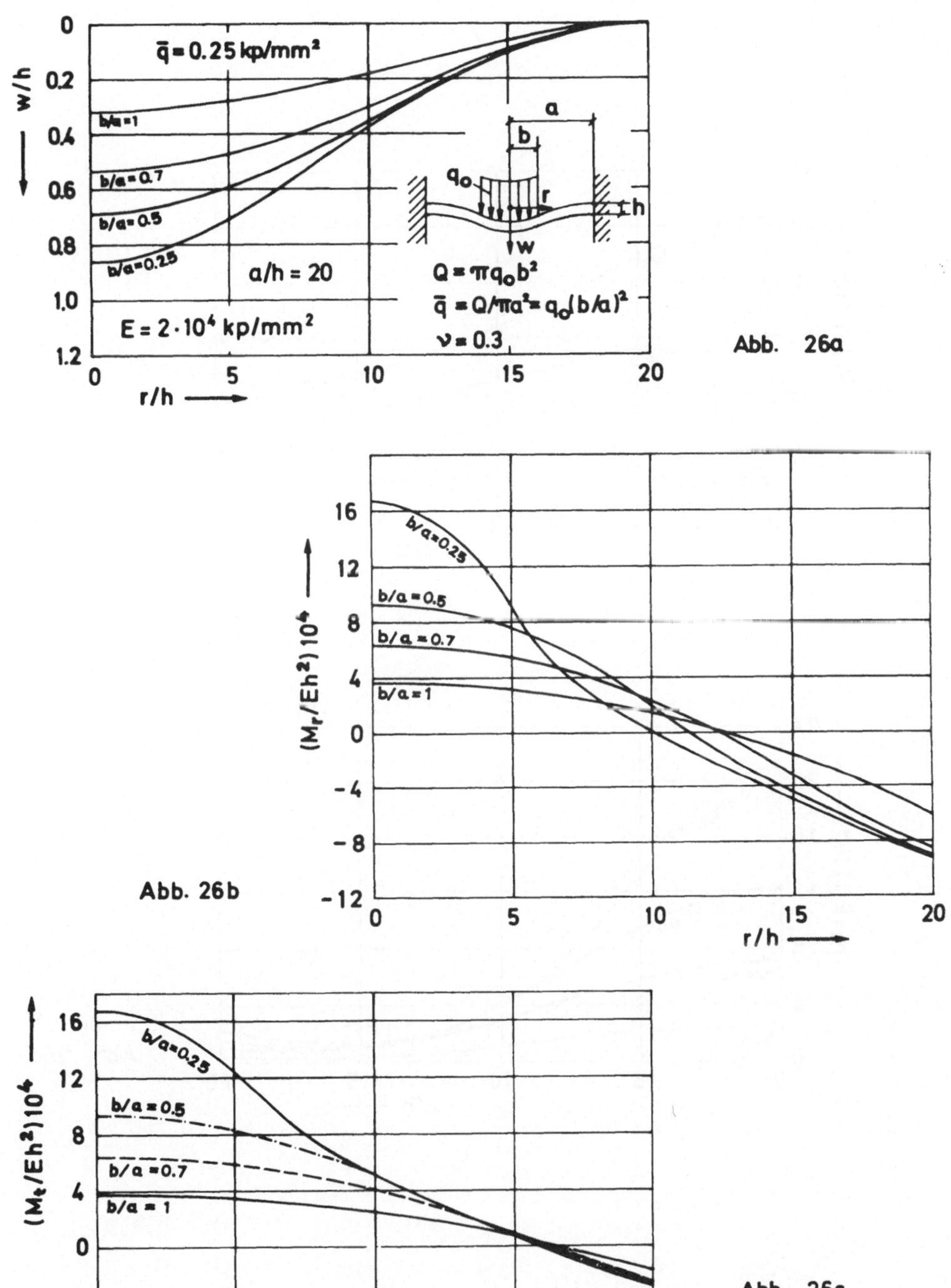

Abb. 26a

Abb. 26b

Abb. 26c

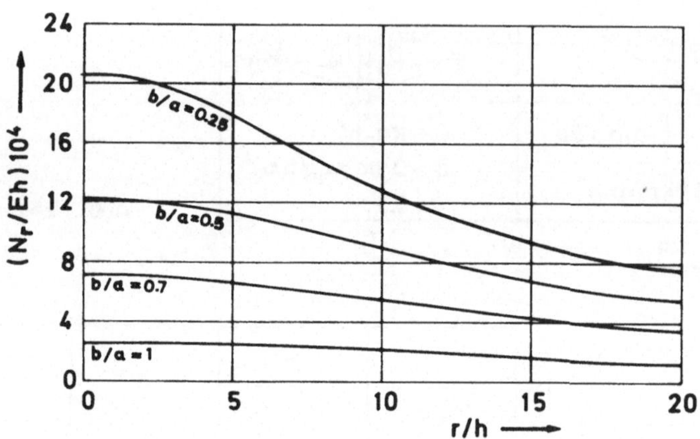

Abb. 26d

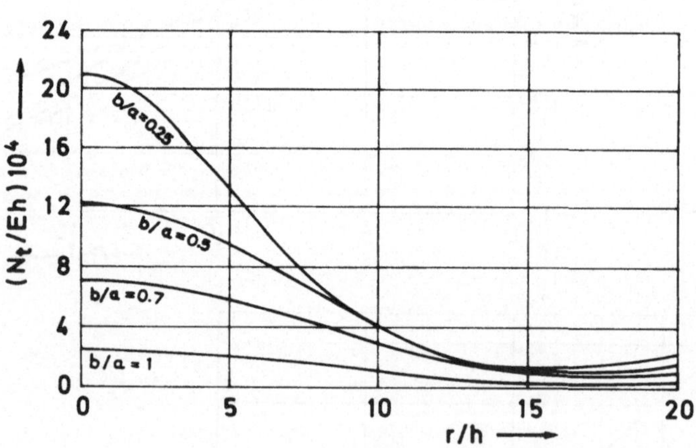

Abb. 26e

5. Zusammenfassung

In der vorliegenden Arbeit haben wir die geometrische und physikalische Nichtlinearität bei der Biegung dünner Platten untersucht. Sind die Durchbiegungen klein im Vergleich mit der Plattenstärke und bleibt die Belastung unterhalb der elastischen Grenzlast, so sind die Beziehungen zwischen den Verzerrungen und den Schnittlasten linear. Bei Belastung über die elastische Grenze hinaus tritt die physikalische Nichtlinearität auf, die vom Werkstoff herrührt. Bei den Durchbiegungen, die die Größenordnung der Plattenstärke haben, ist die geometrische Nichtlinearität infolge nichtlinearer Beziehungen zwischen den Verzerrungen und den Verschiebungen zu berücksichtigen.

Die allgemeinen Plattengleichungen (3.10) und (3.11) dünner Platten im elasto-plastischen Materialbereich bei endlichen Durchbiegungen, die die beiden Nichtlinearitäten enthalten, sind sehr kompliziert und ihre Lösung bereitet erhebliche Schwierigkeiten. Dagegen können im Falle kleiner Durchbiegungen plastischer Platten in Sonderfällen geschlossene Lösungen angegeben werden, vgl. Abschnitt 3.2. Erst recht existieren zahlreiche Lösungen elastischer Platten bei endlichen Durchbiegungen, die wir im Abschnitt 3.3.2 untersucht haben.

Die Berechnungen vereinfachen sich wesentlich für rotationssymmetrisch belastete Kreisplatten, weil dann alle geometrischen und dynamischen Größen nur vom Plattenradius abhängen, die dazugehörigen Probleme werden also "eindimensional". Im Abschnitt 4.1 wurde eine energetische Lösungsmethode nach OHASHI für solche Platten bei endlichen Durchbiegungen im plastischen Materialbereich angegeben. Es konnten dort spezielle Belastungsfälle für spezielle Randbedingungen gelöst werden.

Bei endlichen Durchbiegungen elastischer Kreisplatten wurde eine numerische Lösungsmethode für beliebige rotationssymmetrische Belastungen und beliebige Randbedingungen angegeben. Damit wurde der erhebliche Einfluß der elastischen Einspannung und der Lastverteilung auf die Plattenbiegung untersucht. Die Methode darf jedoch nur bis zum Erreichen der elastischen Grenzlast angewendet werden. Es ist möglich, sie auf plastizierte Kreis- und Kreisringplatten mit endlichen Durchbiegungen zu übertragen. Dies wurde vom Verfasser in [20] durchgeführt. Unter Annahme eines nichtlinearen Materialgesetzes für linearelastische/idealplastische Werkstoffe und der Gültigkeit der HUBER-MISES-Fließbedingung wurde ein zu (4.39) analoges Gleichungssystem gewonnen, das die Biegung im plastischen Materialbereich beschreibt. Die Lösung dieses Gleichungssystems verlief analog zu dem elastischen Fall.

L I T E R A T U R V E R Z E I C H N I S

[1] COOPER, R.M. and G.A. SHIFRIN:
An Experiment on Circular Plates in the Plastic Range,
Proceedings of the Second U.S. National Congress of
Applied Mechanics June 1954,
New York, American Society of Mechanical Engineers 1955,
S. 527-534.

[2] DUSCHEK, A. und A. HOCHRAINER:
Grundzüge der Tensorrechnung in analytischer Darstellung,
I. Teil: Tensoralgebra,
4. Aufl., Wien, Springer-Verlag 1960.

[3] FEDERHOFER, K. und H. EGGER:
Berechnung der dünnen Kreisplatte mit großer Ausbiegung,
Österreichische Akad. d. Wiss. Wien, Sitzungsberichte
math. naturwiss. Kl. 2a, Bd. 155/1946, S. 15-43.

[4] BROMBERG, E.:
Non-Linear Bending of a Circular Plate under Normal
Pressure,
Comm. Pure Appl. Math. 9/1956, S. 633-659.

[5] HAYTHORNTHWAITE, R.M.:
The Deflection of Plates in the Elastic-Plastic Range,
Proceedings of the Second U.S. National Congress of
Applied Mechanics June 1954,
New York, American Society of Mechanical Engineers 1955,
S. 521-526.

[6] BAUER, F. und L. BAUER, W. BECKER, E.L. REISS:
Bending of Rectangular Plate with Finite Deflections,
J. Appl. Mech. 32/1965, S. 821-825.

[7] ILJUSHIN, A.A.:
Plastizität,
Moskva, Gostekhizdat 1948 (russisch).

[8] KAISER, R.:
Rechnerische und experimentelle Ermittlung der Durchbiegungen und Spannungen von quadratischen Platten bei freier Auflagerung an den Rändern, gleichmäßig verteilter
Last und großen Ausbiegungen,
ZAMM Bd. 16/1936, Heft 2, S. 73-98.

[9] KANTOROVITSCH, L.V. und V.I. KRYLOV:
Näherungsmethoden der höheren Analysis,
Berlin, VEB Deutscher Verlag der Wissenschaften 1956.

[10] KOLESNIKOV, L.A.:
Ermittlung der Anwendungsbereiche der KÁRMÁNschen Plattengleichungen,
Moskva, Rascet prostranstwennych konstrukcij, Sbornik
statej 1962, S. 205-214 (russisch).

[11] KOLTUNOV, M.A.:
Biegung rechteckiger Platten bei endlichen Durchbiegungen, Inž. Sb. M., ANSSSR, 13/1952 (russisch).

[12] KORNISHIN, M.S.:
Biegung flacher zylindrischer Schalen und Platten mit nachgiebigen Rändern,
Izv. Kazansk. fil. ANSSSR, ser. fiz.-mat. i techn. nauk, Nr. 12/1958 (russisch).

[13] KORNISHIN, M.S.:
Anwendung der Kollokationsmethode zur Lösung einiger linearer und nichtlinearer Aufgaben der Plattentheorie,
Izv. Kazansk fil. ANSSSR, ser. fiz.-mat. i techn. nauk, Nr. 14/1960 (russisch).

[14] KORNISHIN, M.S.:
Nichtlineare Probleme der Plattentheorie und der Theorie flacher Schalen mit den Lösungsmethoden,
Moskau, Nauka-Verlag 1964 (russisch).

[15] LEPIK, J.R.:
Gleichgewicht biegsamer elasto-plastischer Platten bei endlichen Durchbiegungen,
Inst. mech. ANSSSR, Inženernyj sbornik 24/1956 (russisch).

[16] NADAI, A.:
Die elastischen Platten,
Berlin, Verlag von Julius Springer 1925 - Nachdruck 1968.

[17] MANSFIELD, E.H.:
The Bending and Stretching of Plates,
Oxford/London/New York/Paris, Pergamon Press 1964.

[18] MYSZKOWSKI, J.:
Verfahren zur Berechnung der elastischen Grenzlast dünner Platten,
Diss. TU Berlin 1963.

[19] MYSZKOWSKI, J.:
Elastische Grenzlast dünner Stahlplatten und ihre experimentelle Untersuchung,
Stahlbau Bd. 37/1968, Heft 4, S. 120-122.

[20] MYSZKOWSKI, J.:
Endliche Durchbiegungen beliebig eingespannter dünner Kreis- und Kreisringplatten im plastischen Materialbereich, erscheint demnächst.

[21] NOVOZILOV, V.V.:
Über die Beziehungen zwischen den Spannungen und den Verformungen in einem nichtlinearen elastischen Kontinuum,
PMM Bd. 15/1951 (russisch).

[22] OHASHI, Y. and N. KAMIYA:
Large Deflection of a Supported Circular Plate Having a Non-Linear Stress-Strain Relation,
ZAMM Bd. 48/1968, Heft 3, S. 159-171.

[23] OHASHI, Y. and S. MURAKAMI:
On the Elasto-plastic Bending of a Clamped Circular Plate under a Partial Circular Uniform Load,
Bulletin of ISME Vol. 7/1964, No. 27, S. 491-498.

[24] OHASHI, Y. and S. MURAKAMI:
Elasto-plastic Bending of Thin Annular Plates,
Bulletin of ISME Vol. 9/1966, No. 34, S. 271-283.

[25] OHASHI, Y. and S. MURAKAMI:
The Elasto-plastic Bending of a Clamped Thin Circular Plate,
Proceedings of the 11 th International Congress of Applied Mechanics in Munich Sept. 1964,
Berlin/Heidelberg/New York, Springer-Verlag 1966.

[26] OHASHI, Y. and S. MURAKAMI:
Large Deflection in Elastoplastic Bending of a Simply Supported Circular Plate under a Uniform Load,
J. Appl. Mech. Vol. 33/1966, No. 4, S. 866-870.

[27] OHASHI, Y. and S. MURAKAMI, A. ENDO:
Elasto-plastic Bending of an Annular Plate at Large Deflection,
Ing. Arch. Bd. 35/1966/67, S. 340-350.

[28] RECKLING, K.-A.:
Plastizitätstheorie und ihre Anwendung auf Festigkeitsprobleme,
Berlin/Heidelberg/New York, Springer-Verlag 1967.

[29] SAWCZUK, A. und T. JAEGER:
Grenztragfähigkeits-Theorie der Platten,
Berlin/Göttingen/Heidelberg, Springer-Verlag 1963.

[30] SOKOLOVSKIJ, V.V.:
Elasto-plastische Biegung der Kreis- und Ringplatten,
Prikl. mat. i mech. Bd. 8/1944, S. 141-166 (russisch).

[31] SOKOLOVSKIJ, V.V.:
Theorie der Plastizität,
Berlin, VEB Verlag Technik 1955.

[32] SWIDA, W.:
Die Plattengleichungen für den elastisch-plastischen Zustand,
ZAMM Bd. 30/1950, Heft 11/12, S. 375-381.

[33] TIMOSHENKO, S. and S. WOINOWSKY-KRIEGER:
Theorie of Plates and Shells,
second edition, New York/Toronto/London, McGraw-Hill Book Comp. 1959.

[34] LEVY, S.:
Bending of Rectangular Plates with Large Deflections,
NACA TR No. 737/1942.

[35] LEVY, S.:
Square Plate with Clamped Edge under Normal Pressure Producing Large Deflections,
NACA TR No. 740/1942.

[36] LEVY, S.:
Large Deflection Theory for Rectangular Plates,
Proceedings of the 1 st Symposium in Applied Mathematics,
New York, American Mathematical Society 1949, S. 197-210.

[37] WAY, S.:
Bending of Circular Plates with Large Deflection,
Trans. ASME, Applied Mechanics Vol. 56/1934, S. 627-636.

[38] WAY, S.:
Uniformly Loded Clamped Rectangular Plates with Large Deflection,
Proc. 5 th Int. Congr. Appl. Mechanics in Cambridge, Mass. 1938,
New York, Wiley 1939, S. 123-128.

[39] VOLMIR, A.S.:
Biegsame Platten und Schalen,
Berlin, VEB Verlag für Bauwesen 1962.

[40] KELLER, H.B. and E.L. REISS:
Iterative Solutions for the Non-Linear Bending of Circular Plates,
Comm. Pure Appl. Math. 11/1958, S. 273-292.

[41] WEINITSCHKE, J.J.:
On the Nonlinear Theory of Shallow Spherical Shells,
J. Soc. Indust. Appl. Math. 6/1958, S. 209-232.

[42] SRUBSHCHIK, L.S. and V.I. IUDOVICH:
The Asymptotic Representation of Equations of a Large Deflection of a Circular Symmetricall Loded Plate,
Sib. mat. Zh. 4/1963, Nr. 3.

[43] WASHIZU, K.:
Variational Methods in Elasticity and Plasticity,
Oxford, Pergamon Press 1968.

[44] SUNDARA RAJA IYENGAR, K.T. and M. MATIN NAQVI:
Large Deflections of Rectangular Plates,
Int. Journal of Non-Linear Mechanics 1/1966, S. 109-122.

[45] RASDOLSKIJ, L.G.:
Anwendung der Methode von L.V. KANTOROVITSCH zur Lösung der KÁRMÁNschen Gleichungen,
Vestnik Moskovskovo Univ. 6/1965, S. 82-38 (russisch).

[46] ARCHER, R.R.:
On the Numerical Solution of the Nonlinear Equations for Shells of Revolution,
J. Math. and Phys. 41/1962, S. 165-178.

[47] ZURMÜHL, R.:
Praktische Mathematik für Ingenieure und Physiker, Berlin/Heidelberg/New York, Springer-Verlag 1965.

[48] KIRCHHOFF, G.:
Vorlesungen über mathematische Physik. Mechanik, Leipzig, Teubner-Verlag 1876, S. 451-466.

[49] KÁRMÁN, Th. von:
Festigkeitsprobleme im Maschinenbau,
In: Encyklopädie der Mathematischen Wissenschaften Bd. IV_4/1910, S. 349.

[50] GIRKMANN, K.:
Flächentragwerke,
4. Aufl., Wien, Springer-Verlag 1956.

[51] CHIEN, W.Z.:
Large Deflection of a Circular Clamped Plate under Uniform Pressure,
Chin. Journ. of Phys. 7/1947, S. 102-114.

[52] CHIEN, W.Z.:
Asymptotic Behavior of a Thin Clamped Circular Plate under Uniform Normal Pressure at Very Large Deflection,
Sci. Rep. Nat. Tsing Hua Univ. Ser. A 5/1948.

[53] WANG, C.T.:
Nonlinear Large-Deflection Boundary-Value Problems of Rectangular Plates,
NACA Technical Note No. 1425/1948.

Applications of Finite Difference Equations to Shell Analyses

By M. Soare. Oxford: Pergamon Press, 1968. 470 pages. £9.0.0; US $ 23.00; DM 92,00 (Title No. 10214).

This is a revised translation of *Aplicarea ecuatiilor cu diferente finite la calculul placilor curbe subtiri*, which was published in Rumania in 1962, when it was awarded the "Traian Vuia" prize of the Rumanian Academy. Dr. Soare sets out the elementary theory of thin shells – giving particular attention to the membrane theory – and then deals extensively with the numerical solution of actual engineering problems. A mass of worked examples is included and the accuracy of the solutions is examined at some length. This is a postgraduate book.

Chapter Headings

General equations of shells; Finite difference method; Membrane theory for shells of revolution. Symmetrical state of stress; Membrane theory for shells of revolution. Unsymmetrical state; Membrane theory for shells of arbitary double curvature; Membrane theory of translational shells; Membrane theory for shells with two director curves and one director plane; Bending theory for complete shells of revolution; Bending theory of folded and cylindrical shells; Study of shells by means of models; Authors Index; Subject Index.

Pergamon Press Ltd. · Headington Hill Hall · Oxford OX3 OBW

Pergamon Press Inc. · Maxwell House · Fairview Park · Elmsford, New York 10523

Friedr. Vieweg + Sohn GmbH · 3300 Braunschweig · Postfach 185